トポロジーへの誘い

新装版

多様体と次元をめぐって

松本幸夫
Matsumoto Yukio

日本評論社

まえがき

　平面は平らな 2 次元空間であり，曲面は曲がった 2 次元空間である．一般の n 次元でも，"平らな" n 次元空間や曲がった n 次元空間が考えられる．それらは "多様体" とよばれる空間であり，現代幾何学の主要な研究対象となっている．この本のテーマである "多様体のトポロジー" は多様体の "かたち"（位相幾何学的なかたち）を調べる数学の分野である．

　歴史的には，リーマンやポアンカレの研究に遡りうるが，多様体のトポロジーが急激に展開し始めるのは 1950 年代からである．1950 年，60 年代は高次元（5 次元以上）の多様体の研究が高揚した時期であり，1970 年代は主要な関心が低次元（3 次元，4 次元）の多様体にシフトした時期である．そして，1980 年代から 4 次元多様体論が急速に進展する．2000 年代に入って 3 次元多様体論に新展開があり，ペレルマンによってポアンカレ予想が 100 年ぶりに解決されるに至った．

　この本は，多様体のトポロジーの "超入門書" である．とくに，"次元" によって多様体の性質が劇的に変化する様子を伝えるように努めた．主要な部分は 1986 年発行の『幾何学をみる』の一部として出版されたものであるが，今回，単行本化するに当たって，第 6 章「ベクトル束と特性類」，第 7 章「その後の発展」を書き加えた．また，『数学セミナー』1983 年 5 月号と 1990 年 8 月号に掲載された 2 つの記事を，それぞれ付録 1，付録 2 として巻末に収めた．

　多様体のトポロジーをのぞいてみようという読者にこの本がお役に立てば，著者としては望外の幸せである．

　出版に際し遊星社の西原昌幸氏に大変お世話になりました．この場を借りて厚く御礼申し上げます．

　2008 年 1 月

松本幸夫

新装版のまえがき

　この本の旧版は「多様体のトポロジー」の概要を紹介することを目的として書かれました．著者は 50 年以上も前に「多様体のトポロジー」の勉強を始めましたが，その後，この分野の発展は実に目覚ましく，その発展を追いかけるだけでもなかなか大変でした．そして気がつけば，研究者人生のほぼすべてをこの分野に捧げてしまっていました．

　このたび，出版が遊星社から日本評論社へと引き継がれ，「新装版」として発行していただけることになりました．著者として大変喜んでおります．新装版発行にあたって，「『余次元 2 のトポロジー』から『4 次元のトポロジー』へ」という文章を第 ∞ 章として付け加えました．この文章の前半は若いころの思い出話で，後半はそのころ発見した，トーラス（T^2）と同じホモトピー型をもつ「4 次元スパインレス多様体」に関連する話題です．とくに，球面（S^2）と同じホモトピー型をもつ 4 次元スパインレス多様体が存在するかという問題を 1978 年に提起したのですが，この問題が最近 40 年ぶりに，オジュヴァート–サボー理論を使って，レヴィンとリドマンにより解決されたという，個人的には非常にうれしい経験談を書かせていただきました．また，サイエンス社『数理科学』2019 年 5 月号に書いた「位相幾何学の起こりと発展」という記事を付録 1 として付け加えました．それに伴い，旧版の付録 1 と 2 をそれぞれ，付録 2 と 3 に移動しました．

　最後になりましたが，旧版の出版からずっとお世話になった遊星社の西原昌幸氏と，新装版の出版に際して大変お世話になった日本評論社の佐藤大器氏に篤くお礼申し上げます．

　　2021 年 9 月

　　　　　　　　　　　　　　　　　　　　　　　　　　　　　松本幸夫

目次

第1章

トポロジーと次元

　トポロジーでは，次元の果たす役割は決定的である．どのように "決定的" なのか．それをこれから見ていくことにしよう．

　トポロジーは幾何学の一種で，図形とか空間を研究する．しかし，その考え方は，普通の幾何学とはだいぶ違う．たとえば，図形の大きさなどはあまり問題にしない．三角形を研究する場合にも，必要に応じて大きくしたり小さくしたりして考えるので，その三角形の面積などは研究対象にならない．また，直線も時によっては針金細工のように曲げたり伸ばしたりしてよく，直線と曲線を区別して考えることもしない．だから，三角形の3辺も円弧のように丸くしてもかまわない．こうなると，三角形と円の区別もなくなってしまう．このように，図形や空間を自由に "連続変形" して調べることがトポロジーに固有の方法である．トポロジーの眼で見ると，ミロのビーナスも粘土のボールも同じような形に見えるわけである．

　しかし，いろいろな図形を曲げたり伸ばしたりして楽しむことがトポロジーの目的ではない．図形をさまざまに変形してみるのは，そういう変形を施してもなお不変に保たれる図形の性質を見いだすためなのである．

　ちょっと考えてみればわかるように，三角形を円に変えたり，直線を曲線に変えたりしてしまっては，図形のもつ幾何学的性質はたいてい変わってしまう．そんなに自由な連続変形を通して変わらない性質などあるのだろうか．

　それはある．その答えを言う前に，"連続変形" というものについて，もう少し説明しておこう．やや標語ふうに言うと，

連続変形ではハサミとノリを使ってはいけない

のである．たとえば，1 本の直線を 2 本に切り離してはいけない．これが，ハサミは使えない，という意味である．それから，もとの図形の中で別々だった 2 点を同じ点にくっつけてはいけない．たとえば，線分の両端をくっつけて輪ゴムのようにしてはいけない．これが，ノリを使ってはいけない，という意味である．いくら自由な変形といっても，ハサミとノリを使った変形は許されない．しかし，それ以外のどんな連続変形も許される．そして，そのような連続変形で変わらないような図形（または空間）の性質を研究することがトポロジーの目的なのである．

では，連続変形で変わらない性質にはどんなものがあるだろうか．

ここで答えを書くと，読者はなんだそんなことかと思われるかもしれないが，たとえば，図形が全体としてひとつながりかどうかという性質（**連結性**）は，連続変形で変わらない性質のひとつである．ある図形がひとつながりのとき，その図形は**連結**であるという．たとえば，円板は連結である．また三角形も連結である．一方，2 つの円板を全体として 1 つの図形と思ったとき，その図形は連結ではない(図 1.1 を見てください)．

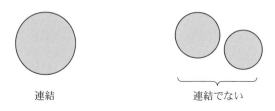

連結　　　　　　　　　　連結でない

図 1.1

円板を連続的に変形して三角形にしても四角形にしても，"連結である"という性質はたしかに不変である．連続変形は "ハサミを使わない" 変形なので，変形の途中で，ひとつながりだった図形が突然 2 つに分かれることはないのである(図 1.2 を見てください)．

連結性は連続変形によって変わらない！　これはもっと厳密に証明できるトポロジーの定理なのである．

さて，連結性だけを問題にするなら，図形には 2 つの種類しか考えられない．

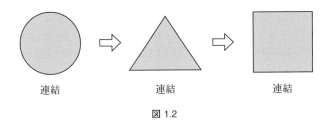

連結　　　　　　　連結　　　　　　　連結

図 1.2

つまり，連結な図形と，連結でない図形との2種類である．しかし，これだけではつまらないので，連結でない図形の方をもう少し詳しくみてみよう．

　図1.1の右側の図形は，2枚の円板を合わせて1つの図形とみなしたものであった．この図形は連結でないが，この図形を構成している各々の円板はもちろん連結である．つまり，この図形は2つの連結な部分（円板）からできている．このように，連結でない図形は，一般に，いくつかの連結な部分が集まってできたものであることがわかる．連結な部分のことを，もとの図形の**連結成分**という．そして，その図形がいくつの連結成分から構成されているかという数を，その図形の**連結成分の個数**という．図1.1の右側の図形（2つの円板から構成されたもの）の連結成分の個数は2である．図形が連結であるということと，その図形の連結成分の個数が1であることとは同じことである．

　ある図形を曲げたり伸ばしたりという連続変形で変形しても，その図形の連結成分の個数は変わらない．これは，連続変形がノリもハサミも使わない変形であることから明らかである．"連結成分の個数"のように，図形ごとに決まった数であって，その図形を連続変形しても値が変わらないようなものを，**位相不変な量**という．

　ついでに，連結性のように，連続変形で変わらない図形の性質を**位相不変な性質**という．位相不変な量や性質がトポロジーの主な関心事なのである．（位相不変ということについては，あとの5章でもっと厳密に説明します．）

　この本の主題となっている**次元**も，じつは位相不変な量である．いちばん大切な位相不変量であると言ってよい．

● 1次元，　2次元，　3次元，　etc., …

　では一体，次元とは何だろうか．空間や図形の次元はどのように定義されるのだろうか．残念ながら，ここでこの問いにまともに答えるわけにはいかない．と

いうのは，現在，次元の定義には主なもので 3 つが知られており，それぞれ "小さな帰納的次元" "大きな帰納的次元" "被覆次元" とよばれるものであるが，それぞれに一長一短があって，どれかひとつの定義に統一すべき積極的理由がないのである．しかも，ひとつの空間を指定したとき，その空間の次元を決めようとしても，上の 3 つの次元の定義のどれを使うかによって，出てくる次元が一致しないこともある．これは困ったことである．

　しかし，本当はあまり困らない．というのは，上に述べた憂鬱な状況は，およそ考えうるすべての空間に適用可能な次元の定義を探し求めるときの話なのである．ひとくちに空間といっても，その仲間にはひどく異常な性質をもつものもある．そのような異常な性質の空間も含めたすべての空間や図形を，ただひとつの "次元論" にとり込もうとすると，どこかに少し無理なところが出てくるのはむしろ当然であろう．

　幸いにも，これから考える空間や図形はみな素直な性質（といっても比較的素直だというにすぎないが）をもつものばかりなので，次元の厳密な定義という深刻な問題に煩わされずにすむ．これから出てくる空間や図形については，どの次元の定義を採用しても，同じ次元の値が決まり，それは，もっと直観的に説明できる次元の値と一致するのである．つまり，"次元" を直観的に考えても誤まるおそれはないのである．同じことなら話は簡単な方がよい．以下では，安心して気楽に "次元" を考えることにしよう．

　さて，まず，直線は 1 次元である（図 1.3）．

図 1.3

　直線に目盛りをうって，数直線にしてみると，直線上の点と実数（つまりその点の座標）とが 1 対 1 に対応する．いいかえれば，ただ 1 つの実数を指定することにより，直線上の点の位置が決まる．直線が 1 次元であるというのはこの意味である．

　直線をぐにゃぐにゃ曲げて曲線にしても，その曲線上に適当に目盛りをつけておけば，曲線上の点の位置は，やはりただ 1 個の実数で決まる（図 1.4）．だから，曲線も 1 次元である．

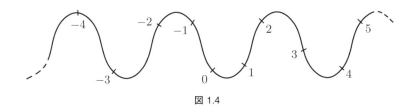

図 1.4

　また，このことから曲げたり伸ばしたりという連続変形で次元が変わらないということ（次元の位相不変性）も直観的に納得できる．

　次に，平面を考えてみよう．直線と違って，平面上の点の位置を決めるには，x 座標と y 座標の **2** つの実数の組 (x, y) を指定する必要がある（図 1.5）．

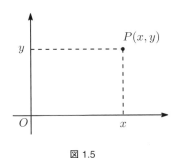

図 1.5

　この意味で，平面は 2 次元の空間である．直線上の点の位置はただ 1 つの実数で決まるのに，平面上では 2 つの実数が必要なのは，それだけ平面の方が点の動きまわる自由度が大きいからである．

　このことからわかるように，空間の次元は，空間の広がりを測る目安になっている．

　曲面も平面と同じく 2 次元である．その理由は曲線のときと同様で，曲がった

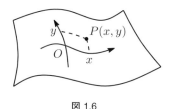

図 1.6

xy 座標を曲面上に描いてみると，2 つの実数の組 (x,y) で点の位置が指定できるからである（図 1.6）．

　われわれの住んでいる空間では，点の位置を指定するのに，たて，よこ，高さを決める **3** つの実数の組 (x,y,z) が必要である．われわれの空間は 3 次元である（図 1.7）．

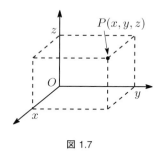

図 1.7

　見慣れた次元は 1 次元，2 次元，3 次元までで，それ以上の 4 次元，5 次元，さらに一般の n 次元空間になると考えにくい．

　しかし，理論的には，次元の範囲を 3 次元までに限る必要はなく，4 次元でも 5 次元でも，3 次元空間と同じくらいはっきりと考えることができる．4 次元以上の空間が考えにくいのは，"現実の空間" が 3 次元だという偶然的な（？）事情によるのであろう．

　4 次元以上の空間というと，なにやら現実ばなれした空理空論のように思われがちだが，必ずしもそうではない．"現実の世界" を扱う物理学でも，たとえば相対性理論には 4 次元空間が出てくるし，量子力学には無限次元の空間が出てくる．一般次元の空間の性質を研究するのは，とにかくよいことなのである．一応そのことを信じて，先に進もう．

　4 次元空間の定義を述べよう．

定義　**4 次元空間**とは，4 個の実数の組 (x,y,z,w) の全体のなす空間のことである．

　実数の 3 つ組 (x,y,z) をひとつ指定すると，3 次元空間の 1 点 (x,y,z) が決まった．それと同様に，実数の 4 つ組 (x,y,z,w) を指定すると，4 次元空間の 1

7

点 (x, y, z, w) が決まると考えるのである. 4 次元空間の点 P を

$$P = (x, y, z, w)$$

と書くことにする. (x, y, z, w) は点 P の **4 次元座標**である.

たとえば, $(1, 3, 0, 4)$ は 4 次元空間の具体的な 1 点を表しており, また, $(0, 0, -2, \sqrt{3})$ は別の 1 点を表している. $(0, 0, 0, 0)$ で表される点 O を, 4 次元空間の**原点**とよぶ. (なお, ここで 4 次元空間とよんだものは, 正確には 4 次元の**数空間**とよぶべきものである.)

もっと高い次元の空間を定義しようとするとき, これまでのように, 第 1 座標, 第 2 座標, 第 3 座標, etc., ⋯ に x, y, z, etc., ⋯ の文字を使うのは不便である. そこで, これからは, 第 1, 第 2, 第 3 座標, etc., ⋯ を x_1, x_2, x_3, etc., ⋯ という記号で統一的に表すことにする. 点 P の 4 次元座標は (x_1, x_2, x_3, x_4) と書かれることになる. 4 次元以上の空間, つまり 5 次元空間や 6 次元空間の定義も, 4 次元空間の定義と同様である. 5 次元, 6 次元, etc., ⋯ の場合に同じような定義をいちいち繰り返すのは消耗するので, 一般の n について n 次元空間を定義する.

定義　n をひとつの自然数とする. n **次元空間**とは, n 個の実数を並べた組 $(x_1, x_2, \cdots, x_n)$ の全体のなす空間のことである.

こうしておけば, いままで述べてきた, 直線, 平面, 3 次元空間, 4 次元空間は, それぞれ $n = 1, 2, 3, 4$ という n 次元空間の特別な場合に相当することになる. 直線は 1 次元空間, 平面は 2 次元空間である.

n 次元空間のことを記号で

$$\mathbb{R}^n$$

と表すのが普通である. したがって, 直線は $\mathbb{R}^1$, 平面は $\mathbb{R}^2$, etc., ⋯ である.

こうして n 次元空間が定義されたが, n 次元空間 $\mathbb{R}^n$ の定義そのものは 3 次元までの座標の考えを単に形式的に n 次元まで拡張したものにすぎない. この定義を見ていても, 4 次元空間と 3 次元空間の性質はどう違うか, というようなことは全然わからないし, n 次元も $(n+1)$ 次元もあまり変わりはないように思われる.

　しかし，現在までのトポロジーの進歩によっていろいろな事実が明らかにされ
たが，それによると，空間の性質は次元が変わるごとに劇的といってよいほど変
わるのである．約 100 年くらいのトポロジーの歴史のなかで，そのことに研究者
は何度も驚かされてきた．これからの話のなかで，このような事情が少しでも明
らかにできれば幸いである．

第2章

偶数次元か, 奇数次元か

●オイラー標数

　次の事実はよく知られている. いま, ひとつの四面体をとる(図 2.1 を見てください).

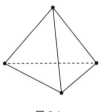

図 2.1

　この四面体の頂点の個数は 4 である: (頂点の個数) = 4. また, 図から明らかなように, 辺の個数と面の個数はそれぞれ 6, 4 である: (辺の個数) = 6, (面の個数) = 4. そこで,

$$(頂点の個数) - (辺の個数) + (面の個数)$$

という数を計算してみると, この場合 $4 - 6 + 4 = 2$, つまり, 答えは 2 になる.

　これは他の多面体についても同様で, たとえば六面体 (サイコロ) について考えると(図 2.2), 頂点は 8 個, 辺は 12 本, 面は 6 面あるから, (頂点の個数) $-$ (辺の個数) $+$ (面の個数) $= 8 - 12 + 6 = 2$ となり, やはり答えは 2 である. さらに, 正八面体, 正十二面体, 正二十面体についても, みな答えは 2 になること

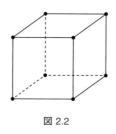

図 2.2

がわかる.

　これらの多面体に共通する性質は, 内部に空気を入れてふくらませてみるとどれも**球面**になってしまう, ということである.（ここで, 図形を連続変形して考える, というトポロジー独特の方法を思いだしてください.）　逆にいうと, これらの多面体はいずれも, 球面をいくつかの頂点と辺と面とに分割して得られたものと考えられる. いま問題にしているのは, 頂点や辺や面が何個あるかという<u>数</u>だけのことであるから, 辺や面が多少曲がっていても本質的な違いはない.

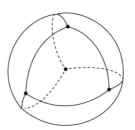

図 2.3　ふくらんだ四面体

　そこで, 球面の上に直接, 四面体や六面体のふくらんだ絵を描いて考えることができる(図 2.3 を見てください). このような絵のことを, **球面の分割**とよぼう.

　いままで考えてきたのは, 球面の "正多面体への" 分割だけであったが, 18 世紀の大数学者オイラー（L. Euler, 1707–83）は, 球面をどのように分割しても同じ式が成立することを証明した.

オイラーの多面体定理[1]　球面を分割して得られる多面
体の頂点の数を α_0 個，辺の数を α_1 個，面の数を α_2
個とすると，

$$\alpha_0 - \alpha_1 + \alpha_2 = 2$$

がなりたつ.

オイラー

$\alpha_0 - \alpha_1 + \alpha_2$ という数は，球面を特定の方法で分割
して計算した数であるにもかかわらず，得られる値（＝
2）は分割の仕方に依存しないというのである．したがっ
て，この値は球面の性質を反映した，球面に固有の数であると考えられる.

一般に，ある図形 X を分割して，α_0 個の頂点，α_1 個の辺，α_2 個の面（三角
形，四角形などの多角形であるような面）が得られたとき，$\alpha_0 - \alpha_1 + \alpha_2$ とい
う数を計算してみると，この数は図形 X だけで決まり，X の分割の仕方に依存
しないことが証明できる．この数 $\alpha_0 - \alpha_1 + \alpha_2$ のことを，図形 X の**オイラー
標数**とよび，$e(X)$ と表すことにする．すなわち，

$$e(X) = \alpha_0 - \alpha_1 + \alpha_2.$$

オイラーの定理は，$e(球面) = 2$ であることを主張しているわけである.

ついでにいろいろな曲面のオイラー標数を計算してみると，図 2.4 のようにな
る．読者は，これらの曲面を適当に分割して，この結果を（実験的に）確かめて
みてください.

図 2.4 のオイラー標数の値をみると，球面の場合の $e = 2$ から始まって，"穴"
のひとつあいた曲面（これを**トーラス**という）の場合の $e = 0$，以下，穴の数が
ひとつ増えるごとに e の値は 2 ずつ減っている．このことから，一般に p 個の
穴のあいた曲面 X_p のオイラー標数 $e(X_p)$ は

$$e(X_p) = 2 - 2p$$

となることが予想される．実際にそれは正しい．p を曲面の<ruby>種数<rt>しゅすう</rt></ruby>とよぶ．球面

---

1)　オイラーの原論文（1752/3）を見ると，$\alpha_0 + \alpha_2 = \alpha_1 + 2$ に相当する定理が証明されていて，$\alpha_0 - \alpha_1 + \alpha_2$ を球面の不変量と考える立場にはたっていないようである．この論文を教えてくださった山田明雄氏に感謝します.

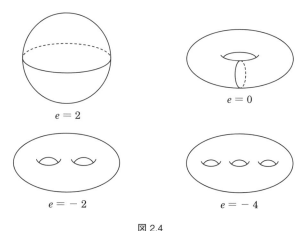

図 2.4

の種数は 0，トーラスの種数は 1 である．この式はオイラー標数と "曲面のかたち" との深いつながりを示している．

　オイラー標数が考えられるのは，曲面のようなきれいな図形ばかりではない．ここで，**グラフ**とよばれるもっと簡単な図形を考えてみよう．ここでいうグラフとは，棒グラフや折れ線グラフのグラフではなく，有限個の頂点と線分からなる連結な図形のことである．たとえば，図 2.5 がグラフの例である．

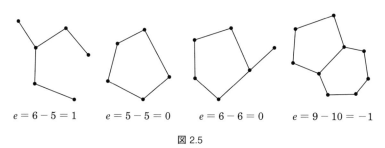

$e = 6 - 5 = 1$　　$e = 5 - 5 = 0$　　$e = 6 - 6 = 0$　　$e = 9 - 10 = -1$

図 2.5

　では，グラフについてオイラー標数を計算してみよう．グラフは頂点と線分だけから構成されているから，面の数 $\alpha_2 = 0$ であり，オイラー標数の式も $e = \alpha_0 - \alpha_1$ という簡単な式になる．もちろん，α_0 は頂点の個数，α_1 は線分の個数である．図 2.5 の各々のグラフについてオイラー標数を計算した結果が同じ図に書いてある．この値とグラフの絵とを見くらべて，どんなことがわかるだろうか．

容易に次のことがわかる．つまり，グラフのオイラー標数は，そのグラフに含まれる"閉じた回路"の個数に関係するということである．グラフに含まれる閉回路の個数を b とすると，

$$e = 1 - b$$

という関係がある．（図 2.5 でこのことを見てください.）ここでも，オイラー標数は，グラフの図形的な特徴を適確に表すものになっている．

●単体とオイラー標数

ポアンカレ

ポアンカレ（H. Poincaré, 1854–1912）は 1895 年の有名な論文 Analysis situs の中で，一般次元の多面体を定義し，そのような一般化された多面体にも適用できるオイラー標数の概念を定式化した.（もっとも，彼自身はオイラー標数という言葉や以下に述べる"単体"の概念は使っていない.）

2 次元と同様に一般の次元でも，図形を分割してオイラー標数を計算する．2 次元の場合には，点，線分，面の集まりに図形を分割した．以後，面としては最も簡単な面，すなわち三角形のみを考える．

頂点，線分，三角形は，図形を分割する際の要素的な図形であった．一般次元の場合にも，これらに相当する要素的な図形がある．

まず，3 次元で考えてみよう．

3 次元的な図形であって，しかも三角形に似ているものは四面体である．正確には，中身のつまった四面体である．つまり，表面ばかりでなく，中身まで込めて考えるのである(図 2.6).

中身のつまった四面体が，3 次元における"要素的な図形"である．

点，線分，三角形，四面体

という要素的な図形の系列は，次元をひとつずつ上げながらどこまでも続けられる．このような要素的図形に統一的な名前をつけておくのが便利なので，それらを**単体**とよぶことにする．n 次元の単体を簡単に **n-単体**という．たとえば，点は

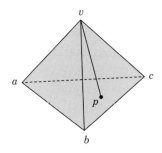

図 2.6　中身のつまった四面体

0-単体，線分は 1-単体，三角形は 2-単体，そして四面体は 3-単体である．

　次元をもうひとつ上げて，4 次元の単体（4-単体）について考えてみよう．4-単体の図形的なイメージを描くには，まず，ひとつ前の次元の 3-単体（四面体）が 2-単体（三角形）からどのように構成されるか反省してみるとよい．図 2.6 を見ると明らかなように，四面体は v と書いた点を頂点として三角形 abc を底面とする錐（三角錐）になっている．つまり，底面をなす三角形 abc 上に動点 p をとるとき，頂点 v と p を結ぶ線分 vp の動きまわってできる 3 次元的な図形が，四面体（3-単体）である．そこで，4 次元の単体を得るには，こんどは 3 次元の単体を底にする "錐" を考えればよさそうである．

　ところで，図 2.6 において，三角形 abc 上の点 p と頂点 v を結ぶ線分 vp は，底面の三角形 abc とただ 1 点，すなわち点 p で交わっている．4 次元の単体を構成するときには，3-単体（すなわち四面体 $abcd$）全部を "底" とするような "錐" を考えるのであるが，3-単体の外部にとった頂点 w と 3-単体の内部の点 p を結ぶ線分 wp が（三角形 abc から四面体 v-abc をつくったときのように）"底" の四面体 $abcd$ と 1 点 p だけで交わるということがあるだろうか．

　次ページの図 2.7 で見るように，線分 wp は 3-単体 $abcd$ の内部に入り込まねばならないから，3-単体 $abcd$ と線分 wp は，点 p だけでなく，点 p を含む短い線分 pq で交わるはずである．

　この疑問は，構成しようとする 4 次元の "錐" の頂点 w を，"底" の 3-単体 $abcd$ と同一の 3 次元空間の中にとってしまったことから生ずる錯覚である．三角形から錐 v-abc を構成するときにも，もし頂点 v を底面 abc と同一の平面上

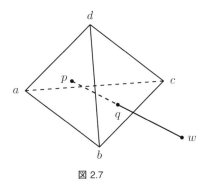

図 2.7

にとってしまったら，同じような不合理が起こったはずである(図 2.8 を見てくだ
さい)．

このような不合理を避けるために，三角錐の頂点 v は，三角形 abc の乗ってい
る平面からはがして，その平面の上方にとったのである．

同様に，4 次元単体を構成するときも，頂点 w は，3-単体 $abcd$ の入っている
3 次元空間よりも，4 次元的な意味で少し "上方に" とっておかねばならない．

いま，4 次元空間 $\mathbb{R}^4$ の第 4 座標が 0 の部分空間，つまり $x_4 = 0$ で定義される
部分空間を，3 次元空間 $\mathbb{R}^3$ と同一視しよう．この部分空間の点は，$(x_1, x_2, x_3, 0)$
という 4 次元座標をもつから，自然に $\mathbb{R}^3$ の点 (x_1, x_2, x_3) と同一視できる．

さて，4 次元単体を構成するために，"底" としての四面体 $abcd$ を，$x_4 = 0$
で定義される 3 次元空間の中にとっておく．錐の頂点 w は，第 4 座標が 0 で<u>ない</u>
任意の点をとる．たとえば，$w = (0, 0, 0, 1)$ とする．

四面体 $abcd$ 内の任意の点を $p = (x_1, x_2, x_3, 0)$ とする．すると，線分 wp は，

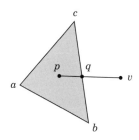

図 2.8

t をパラメーターとして

$$p_t = ((1-t)x_1, (1-t)x_2, (1-t)x_3, t), \quad 0 \leq t \leq 1$$

で表されるような点 p_t の集合であると考えられる．実際，$t = 0$ のときは $p_0 = (x_1, x_2, x_3, 0)$ となり，p_t は点 p に一致し，$t = 1$ のときは $p_1 = (0,0,0,1)$ となり，p_t は点 w に一致する．t が 0 から 1 まで変化するにつれ，p_t は $\mathbb{R}^4$ の中を p から w まで "まっすぐに" 動く．

　線分 wp と四面体 $abcd$ との交わりを求めてみよう．四面体 $abcd$ は $x_4 = 0$ で決まる部分空間に入っているから，wp 上の点 p_t が $abcd$ と交わるためには，その第 4 座標は 0 でなければならない．p_t の第 4 座標は t であり，この t が 0 になるのは p_t が点 p に一致する場合に限る．したがって，線分 wp は，点 p だけで四面体 $abcd$ に交わっていることがわかる．

　こうして動点 p が四面体 $abcd$ 内を動きまわるときの線分 wp の全体のつくる図形として，4 次元単体（4-単体）w-$abcd$ が構成できる（図 2.9）．

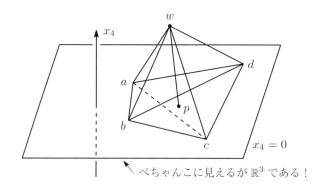

図 2.9

　同様にして，4-単体を底とする錐として 5-単体が構成でき，5-単体を底とする錐として 6-単体が構成できる．一般に，$(n-1)$-単体から n-単体が構成できるわけである．

　これで，n-単体が一応わかったことにしよう．

　さて，n 次元空間の中の図形 X があり，それを有限個の単体の集まりに分割することができるとする．このような図形を（2 次元の場合を拡張して）**多面**

体とよぶ. 多面体 X を分割して, 0-単体（頂点）が α_0 個, 1-単体が α_1 個, 2-単体が α_2 個, 3-単体が α_3 個, $\cdots$, n-単体が α_n 個得られたとしよう. 奇数次元に対応する数にはマイナス, 偶数次元に対応する数にはプラスの符号をつけて α_i たちを加え合わせたもの, いわゆる**交代和**

$$\alpha_0 - \alpha_1 + \alpha_2 - \alpha_3 + \cdots + (-1)^n \alpha_n$$

のことを, 図形 X の**オイラー標数**とよび, 記号 $e(X)$ で表すことにする. 2 次元のときと同様に, この数は図形 X の分割の仕方によらずに定まることが証明できる. さらに, 1 章の言葉を使うと,

定理 オイラー標数 $e(X)$ は X の位相不変量である.

ということも証明できる. これは, 連結成分の個数が位相不変であるという定理とは比較にならないほど重要な定理である.

● n **次元球面** S^n

通常の球面は, 3 次元空間 $\mathbb{R}^3$ の中で, 原点 O からの距離が一定, たとえば 1 であるような点の全体のつくる図形である. 集合論の記号では

$$\{(x_1, x_2, x_3) \mid x_1^2 + x_2^2 + x_3^2 = 1\}$$

で定義される図形が通常の球面である.（この記号は, "縦線の右側の条件 $x_1^2 + x_2^2 + x_3^2 = 1$ を満たす点 (x_1, x_2, x_3) の全体のなす集合" と読めばよい.）

通常の球面は一種の曲面であるから, その次元は 2 であると考えられる. 3 次元空間 $\mathbb{R}^3$ の中の "立体図形" であるにもかかわらず, 球面の次元は 2 なのである. 球面のことを英語で sphere という. その頭文字 S と, 次元 2 とを組み合わせて,

$$S^2$$

という記号で通常の球面を表す.

ちなみに, 平面 $\mathbb{R}^2$ の単位円, つまり原点からの距離が 1 の円は

$$\{(x_1, x_2) \mid x_1^2 + x_2^2 = 1\}$$

で定義される平面図形である. 円は曲線の一種であるから, その次元は 1 である

と考える．そして，円のことを **1 次元球面**といって，記号 S^1 で表すことにする．

では，一般の n について，n **次元球面** S^n はどのように定義されるだろうか．S^1, S^2 の定義を参考にすると，n 次元球面とは「$(n+1)$ 次元空間 $\mathbb{R}^{n+1}$ の中の原点からの距離が一定，たとえば 1 であるような点の全体のつくる図形」であると定義すればよさそうである．実際，そのように定義するのである．集合論の式で書くと，

$$S^n = \{(x_1, x_2, \cdots, x_{n+1}) \mid x_1^2 + x_2^2 + \cdots + x_{n+1}^2 = 1\}$$

である．S^n の次元は n であると考えられる．

これから，n 次元球面 S^n のオイラー標数 $e(S^n)$ を計算してみよう．

手はじめに，円 S^1 と通常の球面 S^2 をもう一度復習する．オイラー標数は位相不変な量なので，円 S^1 は三角形の周囲を変形して丸くしたものと考えてよく，球面 S^2 は四面体（3-単体）の表面をふくらませて丸くしたものと考えてよい．

三角形の周囲は，3 個の頂点と 3 個の辺（線分）からできている．このことから $e(S^1) = 3 - 3 = 0$ がわかる．S^1 のオイラー標数は 0 である．

3-単体の表面は，4 個の頂点，6 個の辺，4 個の三角形からできている．これから $e(S^2) = 4 - 6 + 4 = 2$ であった．

一般に，n **次元球面** S^n は，$(n+1)$-**単体の表面を "ふくらませて" 丸くした**ものと考えられる．図 2.10 がそのことを説明している．この図そのものは，四面体の表面と球面 S^2 の場合を描いているが，一般次元の場合もこれとまったく同様なので，図 2.10 がすでに $\mathbb{R}^{n+1}$ における様子を描いた図であると思って説明しよう．

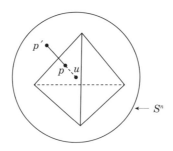

図 2.10 $\mathbb{R}^{n+1}$ における絵

　$(n+1)$-単体の内部に 1 点 u をとる．そして，$(n+1)$-単体の表面の任意の点 p と u を結ぶ．線分 up を延長して，u を中心とする半径の十分大きな球面 S^n との交点を求め，それを p' とする．球面 S^n は u からの距離が一定（たとえば 1 ）であるような点の集まりであったから，半直線 up は S^n とただ 1 点 p' で交わるのである．（p' は半直線 up 上で u からの距離がちょうど定められた半径になる点である．）　また，このような半直線 up が $(n+1)$-単体の表面と点 p だけで交わることは，前の図 2.9 と同様の考えで示される．

　$(n+1)$-単体の表面上の各点 p を，半直線 up にそって p' まで動かすことによって，S^n が $(n+1)$-単体の表面をふくらませたものであることがわかる．

　したがって，オイラー標数 $e(S^n)$ は $(n+1)$-単体の表面を分割して計算すればよい．

　一般に，k 次元単体には何個の頂点があるだろうか．

　　　1-単体（線分）は 2 個，

　　　2-単体（三角形）は 3 個，

　　　3-単体（四面体）は 4 個，

の頂点をそれぞれ含んでいる．これから，k-**単体は** $(k+1)$ **個の頂点がある**ことになりそうである．これを証明しよう．

　数学的帰納法による．$k = 1, 2, 3$ の場合には，上でみたように正しい．そこで，$(k-1)$-単体が k 個の頂点を含むと仮定して，k-単体が $(k+1)$ 個の頂点を含むことを証明しよう．しかし，これは簡単である．なぜなら，k-単体は $(k-1)$-単体を底とする錐として構成された．錐を構成するとき，新たに頂点を 1 つつけ加えた．よって，$(k-1)$-単体が k 個の頂点を含めば，k-単体にはひとつ多く $(k+1)$ 個の頂点があるはずである．　　　　　　　　　　　　　　　　　　（証明終わり）

　さて，$(n+1)$-単体の表面の分割にもどる．

　$(n+1)$-単体には，いま証明したように，$(n+2)$ 個の頂点がある．そして，$(n+1)$-単体に含まれる k-単体は，これらの $(n+2)$ 個の頂点のうちのどれかの $(k+1)$ 個の頂点を頂点とする k-単体になっている．そしてじつは，$(n+2)$ 個の頂点のどの $(k+1)$ 個の頂点を選びだしても，その $(k+1)$ 個の頂点を頂点とする k-単体があることが示される．これから，

補題　$(n+1)$-単体に含まれる k-単体の個数 α_k は，$(n+2)$ 個の頂点から $(k+$

1) 個の頂点を選びだす仕方の数に等しい.

ということがわかる.

　これは，よく知られた**組み合わせ**の数である. 一般に，m 個のものから l 個の
ものを選びだす仕方の数を $\binom{m}{l}$ と書く. 具体的には

$$\binom{m}{l} = \frac{m!}{l!\,(m-l)!}$$

であることがわかっている. ここで $m!$ は m の**階乗**, すなわち $m! = 1 \times 2 \times 3 \times \cdots \times (m-1) \times m$ を表している. たとえば

$$\binom{4}{2} = \frac{4!}{2!\,2!} = \frac{1 \times 2 \times 3 \times 4}{(1 \times 2) \times (1 \times 2)} = 6$$

$$\binom{4}{3} = \frac{4!}{3!\,1!} = 4$$

である.

　上の補題によって，$(n+1)$-単体に含まれる k-単体の個数 α_k は $\alpha_k = \binom{n+2}{k+1}$
となる.

　われわれは，$(n+1)$-単体の表面の分割を考えているが，$(n+1)$-単体に含まれる n 次元以下の k-単体はすべて表面に含まれており，表面は n 次元以下の単体の集まりに分割されていることが証明できる. したがって，$(n+1)$-単体の表面のオイラー標数は，α_0 から α_n までの交代和を考えればよい：

$$\alpha_0 - \alpha_1 + \cdots + (-1)^k \alpha_k + \cdots + (-1)^n \alpha_n =$$
$$\binom{n+2}{1} - \binom{n+2}{2} + \cdots + (-1)^k \binom{n+2}{k+1} + \cdots + (-1)^n \binom{n+2}{n+1}.$$

　この式の右辺をもっと簡単にするため，**2 項展開**の公式を思いだそう. 次の一連の公式である.

$$(1+x)^2 = 1 + 2x + x^2 \qquad (\text{係数}：1, 2, 1),$$
$$(1+x)^3 = 1 + 3x + 3x^2 + x^3 \qquad (\text{係数}：1, 3, 3, 1),$$
$$(1+x)^4 = 1 + 4x + 6x^2 + 4x^3 + x^4 \quad (\text{係数}：1, 4, 6, 4, 1),$$
$$\cdots\cdots\cdots\cdots$$

ここに現れる係数,たとえば $(1+x)^3$ のときの $1, 3, 3, 1$ は組み合わせの数の列

$$\binom{3}{0}, \quad \binom{3}{1}, \quad \binom{3}{2}, \quad \binom{3}{3}$$

に等しく,$(1+x)^4$ のときの $1, 4, 6, 4, 1$ は

$$\binom{4}{0}, \quad \binom{4}{1}, \quad \binom{4}{2}, \quad \binom{4}{3}, \quad \binom{4}{4}$$

に等しい.($\binom{m}{l}$ の計算式を使って確かめてください.ただし $\binom{m}{0}=1$ とします.)

一般に,$(1+x)^m$ の展開式の係数は

$$\binom{m}{0}, \quad \binom{m}{1}, \quad \binom{m}{2}, \quad \cdots, \quad \binom{m}{k}, \quad \cdots, \quad \binom{m}{m}$$

となる.したがって,$(1+x)^m$ の展開の一般式は

$$(1+x)^m = \binom{m}{0} + \binom{m}{1}x + \binom{m}{2}x^2 + \cdots + \binom{m}{k}x^k + \cdots + \binom{m}{m}x^m$$

となるのである.(これを **2 項定理**という.)

オイラー標数の計算に利用するため,$m = n+2$ とおいて,$(1+x)^{n+2}$ の展開を考えると

$$
\begin{aligned}
(1+x)^{n+2} = {} & \binom{n+2}{0} + \binom{n+2}{1}x + \binom{n+2}{2}x^2 + \cdots \\
& + \binom{n+2}{k}x^k + \binom{n+2}{k+1}x^{k+1} + \cdots \\
& + \binom{n+2}{n+1}x^{n+1} + \binom{n+2}{n+2}x^{n+2}
\end{aligned}
$$

となる.両辺を x で割ると

$$
\begin{aligned}
\frac{(1+x)^{n+2}}{x} = {} & \binom{n+2}{0}\frac{1}{x} + \binom{n+2}{1} + \binom{n+2}{2}x + \cdots \\
& + \binom{n+2}{k}x^{k-1} + \binom{n+2}{k+1}x^k + \cdots
\end{aligned}
$$

$$+ \binom{n+2}{n+1} x^n + \binom{n+2}{n+2} x^{n+1}.$$

この式に $x = -1$ を代入すると 左辺 $= 0$ であり，右辺は

$$-\binom{n+2}{0} + \binom{n+2}{1} - \binom{n+2}{2} + \cdots$$

$$+ (-1)^{k-1}\binom{n+2}{k} + (-1)^k \binom{n+2}{k+1} + \cdots$$

$$+ (-1)^n \binom{n+2}{n+1} + (-1)^{n+1}\binom{n+2}{n+2}$$

である．これの最初の項と最後の項を除いたものは，われわれの求めようとして
いる $(n+1)$-単体の表面のオイラー標数に等しい．よって，

$$0 = -\binom{n+2}{0} + \{(n+1)\text{-単体の表面のオイラー標数}\}$$

$$+ (-1)^{n+1}\binom{n+2}{n+2}$$

という式を得た．

$\binom{n+2}{0} = 1$, $\binom{n+2}{n+2} = 1$ という既知の値を代入し，さらに，前に説明したよう
に，$(n+1)$-単体の表面のオイラー標数が n 次元球面のオイラー標数 $e(S^n)$ にほ
かならないことを考えると，上の式は

$$0 = -1 + e(S^n) + (-1)^{n+1}$$

となる．移項して

$$e(S^n) = 1 + (-1)^n$$

を得る．

試しに，既知の場合をこの式で計算すると，$e(S^1) = 1 + (-1) = 0$, $e(S^2) = 1 + (-1)^2 = 1 + 1 = 2$ となってうまく合っている．

こうして，n 次元球面 S^n のオイラー標数が計算できた．

定理　$e(S^n) = 1 + (-1)^n$.

$e(S^n)$ の値を $e(S^1), e(S^2), e(S^3), e(S^4), \cdots$ と並べてみると

$$0, \ 2, \ 0, \ 2, \ 0, \ 2, \cdots$$

という数列が得られる．球面のオイラー標数は，奇数次元では 0，偶数次元では 2 である．

　このように，オイラー標数を通してみた球面の性質は，次元が奇数か偶数かによってきれいに規則的に変化している．

　空間の性質が奇数次元，偶数次元で変化していくのは，単にオイラー標数という数のうえの話だけでなく，そこにはもっと深い幾何学的な事情があるのである．このことをあとの章でみることにする．

注意　上では，m 個のものから l 個のものを選びだす仕方の数（組み合わせの数）を $\binom{m}{l}$ と書いたが，${}_m\mathrm{C}_l$ と書く流儀もある．

第3章

独立した空間

　これまで，球面 S^n を $(n+1)$ 次元空間 $\mathbb{R}^{n+1}$ の中の図形と考えてきた．しかし，現代的な幾何学では，球面 S^n を図形としてではなく，それ自身独立した1個の空間としてとり扱うことが多い．通常の球面 S^2 や曲面も，$\mathbb{R}^3$ の中の立体図形というよりもむしろ，それぞれに独立した2次元の空間とみなすのである．（もっとも，それらは，平面 $\mathbb{R}^2$ のようにどこまでも広がった空間ではなく，いわば，手のひらに乗るような，小さく閉じた2次元空間であるが.）

　n 次元においても，これまでのように $\mathbb{R}^n$ だけを n 次元空間と考えることをやめて，$\mathbb{R}^n$ の他にもそれ自身独立した n 次元空間（たとえば S^n）がいろいろあると考えることにする．

　現在，"独立した n 次元空間" は **n 次元多様体** として定式化されている．現在の幾何学は，この多様体をめぐって展開しているのである．

　なお，$\mathbb{R}^n$ を他の n 次元空間から区別して，これからは n 次元**数空間**とよぶ．これは，$\mathbb{R}^n$ が実数の n 組 $(x_1, x_2, \cdots, x_n)$ の全体として定義されたからである．

●多様体とは

　多様体の定義を述べよう．ある空間 M が **n 次元多様体**であるとは，次の3つの条件 (1), (2), (3) がなりたつことである．

条件 (1)　M のどんな点 p についても，p のまわりの n 次元座標系が M の中に描けて，p の近くの点の位置はこの座標系によって記述できる．（図3.1は2次元多様体の場合.）

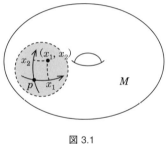

図 3.1

　p のまわりに描いた座標系は空間 M 全体にも通用するとは限らないので，これを**局所座標系**とよぶ．図 3.1 の局所座標系は灰色部分で役立つ座標系である．

　条件 (1) は，M のどんな点のまわりにも n 次元の局所座標系が存在するという条件である．

条件 (2)　2 つの局所座標系が重なり合う部分では，それらの間の座標変換が何回でも微分可能である（図 3.2）．

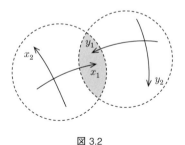

図 3.2

　図 3.2 の灰色部分では，点の位置がひとつの局所座標 $(x_1, x_2, \cdots, x_n)$ で記述されると同時に，他の局所座標 $(y_1, y_2, \cdots, y_n)$ でも記述される．したがって，$(x_1, x_2, \cdots, x_n)$ がひとつ決まるごとに点 p が決まり，それに応じて $(y_1, y_2, \cdots, y_n)$ が決まるわけだから，$y_1, y_2, \cdots, y_n$ はそれぞれ $(x_1, x_2, \cdots, x_n)$ の関数となる：

$$y_1 = f_1(x_1, x_2, \cdots, x_n),$$
$$y_2 = f_2(x_1, x_2, \cdots, x_n),$$
$$\cdots\cdots$$

$$y_n = f_n(x_1, x_2, \cdots, x_n).$$

もちろん, $(x_1, x_2, \cdots, x_n)$ は局所座標であるから, 各変数 x_i がすべての実数値をとりうるわけではない. それぞれに決まったある範囲の実数値しか動かないのが普通である. しかし, その範囲を x_i たちが動きまわるとき, 上記の n 個の関数 $f_1(x_1, x_2, \cdots, x_n)$, $f_2(x_1, x_2, \cdots, x_n)$, $\cdots$, $f_n(x_1, x_2, \cdots, x_n)$ は x_i たちについて何回でも微分可能であるというのである. これが条件 (2) の内容である.

条件 (3) 空間 M の中の相異なる任意の 2 点 $p, q\ (p \neq q)$ について, p の十分小さい局所座標系と q の十分小さい局所座標系を互いに交わらないように取れる.

この条件 (3) をみたす空間をハウスドルフ空間とよぶ. ハウスドルフ (F. Hausdorff, 1868–1942) はこの条件を, “通常の空間” の満たすべき “公理” として提唱した. この本に登場する空間はすべてハウスドルフ空間なので, 以後いちいちこの条件 (3) には言及しないことにする.

条件 (1), (2) を満たすハウスドルフ空間 M が n 次元多様体である. これで多様体の定義は終わりである.

次に, 簡単な多様体の例をあげてみよう.

例 1) n 次元数空間 $\mathbb{R}^n$. $\mathbb{R}^n$ には全体に標準的な座標 $(x_1, x_2, \cdots, x_n)$ が決まっている. この座標をどの点についても, そのまわりの局所座標系と解釈すれば, 条件 (1) が満たされる. また, $(x_1, x_2, \cdots, x_n)$ からそれ自身 $(x_1, x_2, \cdots, x_n)$ への “変換” は明らかに何回でも微分できるので, 条件 (2) も満たされる. $\mathbb{R}^n$ は n 次元多様体である.

例 2) 曲面は 2 次元多様体である.

例 3) S^n は n 次元多様体である. S^n は $\mathbb{R}^{n+1}$ の中の図形として次の式で定義された:

$$S^n = \{(x_1, x_2, \cdots, x_{n+1}) \mid x_1^2 + x_2^2 + \cdots + x_{n+1}^2 = 1\}.$$

S^n のかってな点 p は, $(n+1)$ 個の座標 $x_1, x_2, \cdots, x_{n+1}$ をもっているが, いうまでもなくこれは $\mathbb{R}^{n+1}$ の座標であって, S^n 上の点 p の局所座標系としては, $x_1, x_2, \cdots, x_{n+1}$ のうちのひとつは余分である. たとえば, 点 $p = (x_1, x_2, \cdots, x_{n+1})$ の近くで $x_{n+1} > 0$ であったとする. 点 p のまわりの S^n の点だけに注目すると, x_{n+1} は 1 番目から n 番目までの座標 $(x_1, x_2, \cdots, x_n)$ で

決まってしまう．つまり

$$x_{n+1} = \sqrt{1 - (x_1^2 + x_2^2 + \cdots + x_n^2)}$$

で決まる．よって，$x_{n+1} > 0$ の範囲では，$(x_1, x_2, \cdots, x_n)$ だけで S^n の点の位置が指定できるので，これが n 次元の局所座標系と考えられる．

　同様に $x_{n+1} < 0$ の範囲でも，x_{n+1} は残りの $(x_1, x_2, \cdots, x_n)$ によって

$$x_{n+1} = -\sqrt{1 - (x_1^2 + x_2^2 + \cdots + x_n^2)}$$

の式で決まる．ここでも x_{n+1} は余分で，$(x_1, x_2, \cdots, x_n)$ が S^n の局所座標系になる．

　$x_1 > 0$ の範囲では，同じ理由で，x_1 を除いた $(x_2, x_3, \cdots, x_{n+1})$ が S^n の局所座標系である．

　$x_{n+1} > 0$ と $x_1 > 0$ の両方がなりたつ所では，$(x_1, x_2, \cdots, x_n)$ と $(x_2, x_3, \cdots, x_{n+1})$ の 2 組の局所座標系が考えられる．この範囲で，第 1 の局所座標が $(x_1, x_2, \cdots, x_n)$ であるような S^n 上の点については，$x_{n+1} = \sqrt{1 - (x_1^2 + x_2^2 + \cdots + x_n^2)}$ がなりたつ．よって，その点の第 2 の局所座標 $(x_2, x_3, \cdots, x_{n+1})$ は，第 1 の局所座標 $(x_1, x_2, \cdots, x_n)$ を用いて

$$x_2 = x_2, \quad \cdots, \quad x_n = x_n,$$
$$x_{n+1} = \sqrt{1 - (x_1^2 + x_2^2 + \cdots + x_n^2)}$$

と計算できる．これが，$(x_1, x_2, \cdots, x_n)$ から $(x_2, x_3, \cdots, x_{n+1})$ への座標変換の式である．これらの式は，$x_1^2 + x_2^2 + \cdots + x_n^2 < 1$ の範囲で何回でも微分できる．

　同じことがどの局所座標系の間の変換についてもいえるから，S^n は n 次元多様体であることがわかった．

●多様体の直積

　m 次元多様体 M^m と n 次元多様体 N^n から，$(m+n)$ 次元の**直積**とよばれる多様体

$$M^m \times N^n$$

をつくることができる（M^m の肩の m は次元を表す）．

$M^m \times N^n$ は，M^m の点 p と N^n の点 q との対 (p, q) の全体である．ひとつ
の対 (p, q) が，$M^m \times N^n$ の<u>1点</u>と考えられるわけである．

$M^m \times N^n$ の局所座標系の入れ方を説明しよう．$M^m \times N^n$ の 1 点 $P = (p, q)$
のまわりの局所座標系を考えればよい．それには，点 p のまわりの M^m の局所
座標系 $(x_1, x_2, \cdots, x_m)$ と，点 q のまわりの N^n の局所座標系 $(y_1, y_2, \cdots, y_n)$
をとり，それらを並べたもの

$$(x_1, x_2, \cdots, x_m, y_1, y_2, \cdots, y_n)$$

を点 $P = (p, q)$ のまわりの $M^m \times N^n$ の局所座標系とする．

たとえば，円周 S^1 は 1 次元多様体であるが，S^1 と S^1 の直積 $S^1 \times S^1$ は 2 次
元多様体となり，実質的にトーラスと同じものである（図 3.3 を見てください）．

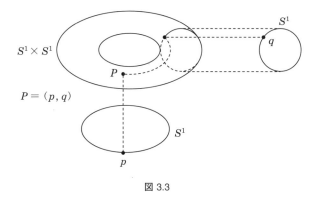

図 3.3

●多様体の代数的トポロジー

代数的トポロジーは，図形や空間のさまざまな不変量をとり扱う．これまで，
位相不変量として，連結成分の個数とオイラー標数が登場した．ここで，もう
ひとつの大切な不変量，**ベッチ数**について説明しよう．（19 世紀の数学者ベッチ
（E. Betti, 1823–92）にちなんだ名前である．）

ベッチ数はひとつの系列をなしていて，k を 0 以上の整数とすると，第 k ベッ
チ数 b_k という位相不変量が決まるのである．

じつは，連結成分の個数は 0 番目のベッチ数 b_0 にほかならない．したがって，
空間 X が連結ならば $b_0(X) = 1$ であり，2 つの連結成分をもてば $b_0(X) = 2$ で

ある．第 0 ベッチ数はやさしい．

　第 1 ベッチ数 b_1 は少し説明がいる．まず，グラフの場合を考えてみる．グラフは 2 章でも考えたが，頂点と線分とからなる連結な図形であった．図 3.4 に 3 つのグラフが描かれているが，これらのグラフの第 1 ベッチ数 b_1 は，左からそれぞれ $b_1 = 0, b_1 - 1, b_1 = 2$ である．つまり，グラフの第 1 ベッチ数 b_1 とは，そのグラフに含まれる "閉回路"（ぐるっとまわる閉じた路，サイクル）の個数を表しているのである．もう少し厳密にいうと，"互いに独立なサイクルの個数" が第 1 ベッチ数である．

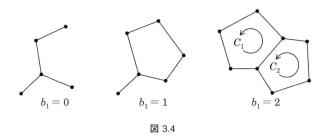

$$b_1 = 0 \qquad b_1 = 1 \qquad b_1 = 2$$

図 3.4

　図 3.4 の右端のグラフには，2 つのサイクル C_1 と C_2 がある．しかし，よく考えてみると，このグラフに含まれるサイクルは C_1 と C_2 だけでなく，C_1 と C_2 を両方まわるサイクルもあれば，C_1 を 2 回まわって C_2 を反対にまわるサイクルもある．このようなサイクルをそれぞれ

$$C_1 + C_2, \qquad 2C_1 - C_2$$

と書くことにする．なお，ここで，ベッチ数を考えるときは C_1 と C_2 をまわる順序は問題にしない，ということを注意しておく．C_1 をまわったあと C_2 をまわるサイクルも，C_2 をまわったあと C_1 をまわるサイクルも，両方とも $C_1 + C_2$ と書くのである．(基本群のことをご存じの読者なら，まわる順序をやかましくいう基本群の考え方と，この点で違っていることに気づかれると思う．なお，基本群の定義は 93 ページ参照.)　このように約束しておくと，このグラフの中のすべてのサイクルは，C_1 と C_2 という "基本サイクル" から合成され，一般式 $mC_1 + nC_2$ で書けることがわかる(ここに，m, n は整数)．**グラフの第 1 ベッチ数とは，それに含まれる基本サイクルの個数のことである．**

　グラフ以外の図形についても，本質的には変わりがない．図形 X の第 1 ベッチ数 $b_1(X)$ は，X の中の基本サイクルの個数である．トーラスを例にとって説明しよう．

　トーラスを T^2 と書く．T^2 の上には，いくらでも閉じた道を描くことができるから，基本サイクルもたくさんありそうに思えるが，じつは基本サイクルは 2 つしかない．トーラスをタテに一周するサイクル C_1 と，ヨコに一周するサイクル C_2 である（図 3.5 を見てください）．

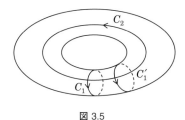

図 3.5

　C_1 と平行にタテに一周するサイクル C_1' は，C_1 を少しずらしたものにすぎないから，C_1 と本質的に同じサイクルと思うことにする．また，C_2 と平行にヨコに一周するサイクル C_2' も，C_2 と同じと思うことにする．このように，ずらして一致するサイクルは同じサイクルとみなすのである．こうすれば，基本サイクルは C_1 と C_2 で十分である．

　トーラス T^2 は，正方形 $abcd$ の対辺 ab と dc，bc と ad をそれぞれ同一視して得られる（図 3.6）．

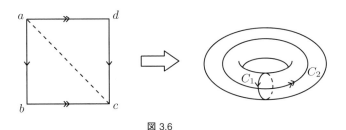

図 3.6

　辺 ab と dc は同一視されて，T^2 上のサイクル C_1 となり，辺 bc と ad は同一視されて，T^2 上のサイクル C_2 となる．

　正方形 $abcd$ の対角線 ac は，トーラス上では両端の a と c が同一視されて閉じた回路 C をつくる．このサイクル C は C_1 と C_2 でどのように書けるだろうか．図 3.7 で見るように，正方形 $abcd$ 上で対角線を少しずつ動かしていって，$ab + bc$ に重ねることができる．この動きをトーラス上で考えれば，明らかに，いま問題にしたサイクル C が C_1+C_2 で書けることがわかる．

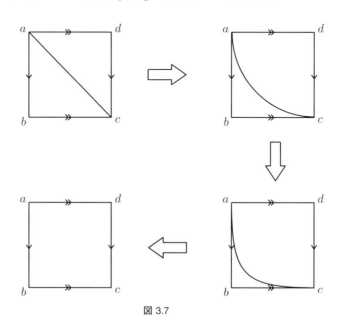

図 3.7

　T^2 上の他のどんなサイクル C についても同様で，それは，整数 m, n を適当に選んで mC_1+nC_2 の形に書けるのである．

　結局，トーラス T^2 には 2 個の基本サイクル C_1, C_2 があり，第 1 ベッチ数は 2 である：$b_1(T^2) = 2$.

　球面 S^2 ではどうだろうか．S^2 上では，どんな閉回路も少しずつ変形していくと 1 点に縮んでしまう．つまり，S^2 上にはサイクルが全然ないと考えられる．S^2 の第 1 ベッチ数は 0 である：$b_1(S^2) = 0$.

　他の曲面，一般に p 個の "穴" のあいた曲面 X_p の第 1 ベッチ数は $2p$ であることが知られている：$b_1(X_p) = 2p$.

　これらの結果を表にしておこう．

曲面	S^2	T^2	X_p（p 個の "穴" のある曲面）
b_1	0	2	$2p$

2 次元以上の球面 S^n の第 1 ベッチ数は 0 である：$b_1(S^n) = 0 \ (n \geq 2)$.

さて，第 1 ベッチ数までは比較的わかりやすかったが，第 2 ベッチ数を直観的に説明しようとすると，読者にかなり想像力を働かせてもらう必要がある．

まず，**"2 次元のサイクル"** なるものを考えなくてはならない．いままでのサイクルは，いわば "1 次元のサイクル" であった．つまり，自分自身で閉じた曲線が 1 次元のサイクルだった．2 次元のサイクルは，自分自身で閉じた 2 次元の曲面（のようなもの）である．空間 X の中に，このような 2 次元サイクルの集合を考え，その中から基本的な 2 次元サイクルを選びだす．$C_1, C_2, \cdots, C_r$ がそれであるとする．そして，他の 2 次元サイクルは，$m_1, m_2, \cdots, m_r$ を整数として

$$m_1 C_1 + m_2 C_2 + \cdots + m_r C_r$$

という和の形で（ひと通りに）表されるとする．このとき，X の第 2 ベッチ数 $b_2(X)$ は r であると定義するのである．つまり，**第 2 ベッチ数** $b_2(X)$ **とは**，X **に含まれる 2 次元の基本サイクルの個数のことである**．

第 3 以上のベッチ数もまったく同様に定義される．"k 次元サイクル" とは，自分自身で閉じた k 次元の多様体のようなものと思う．そして，空間 X に含まれる k 次元サイクルの中から，基本的な k 次元サイクルを選びだす．このような k 次元の基本サイクルの個数が，X の**第 k ベッチ数** $b_k(X)$ である．

X をひとつの図形または空間とすると，ベッチ数の系列

$$b_0(X), \ b_1(X), \ b_2(X), \ \cdots$$

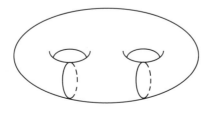

図 3.8 X_2 の図

が定まる．X が多面体のとき，そこに含まれる最高次元の単体が n 次元である
とすると（このことを，X の次元は n である，という），$(n+1)$ 番目以上のベッ
チ数は全部 0 になることがわかっている．X の次元が n ならば，

$$b_0(X),\ b_1(X),\ \cdots,\ b_n(X)$$

というベッチ数の有限列が定まるのである．

　ポアンカレは前掲の論文の最後で，このベッチ数の交代和

$$b_0(X) - b_1(X) + b_2(X) - \cdots + (-1)^n b_n(X)$$

を計算すると，それが X のオイラー標数に等しくなることを注意した．これが
今日，オイラー‐ポアンカレの公式とよばれている公式である．

オイラー‐ポアンカレの公式

$$e(X) = b_0(X) - b_1(X) + b_2(X) - \cdots + (-1)^n b_n(X).$$

　この公式を p 個の "穴" のあいた曲面 X_p について確かめてみよう．2 章で述
べたように，$e(X_p) = 2 - 2p$ である．ベッチ数の方はどうなるだろうか．X_p は
連結である．したがって $b_0(X_p) = 1$．また前ページの表から，$b_1(X_p) = 2p$．最
後に，X_p の第 2 ベッチ数 $b_2(X_p)$ は，X_p の中の "2 次元サイクル" を考えるこ
とによって計算できるが，曲面 X_p それ自身がひとつの 2 次元サイクルをなして
おり，これが基本的な 2 次元サイクルである．X_p には 1 個の基本的な 2 次元
サイクルがあるわけである．よって，$b_2(X_p) = 1$．（X_p は 2 次元だから，第 3
ベッチ数以上は 0.）結局，$b_0(X_p) = 1$，$b_1(X_p) = 2p$，$b_2(X_p) = 1$ を得た．こ
の交代和をつくると，

$$b_0(X_p) - b_1(X_p) + b_2(X_p) = 1 - 2p + 1$$

となって，オイラー標数 $e(X_p) = 2 - 2p$ と一致している．

　2 次元以上の一般次元球面 S^n について考えてみる．S^n は連結であるから，
$b_0(S^n) = 1$．また，$1 \leq k \leq n-1$ ならば第 k ベッチ数は 0 であることが知ら
れている．よって，$b_k(S^n) = 0\ (1 \leq k \leq n-1)$．そして，自分自身が n 次元サ
イクルをなしているから，$b_n(S^n) = 1$．

　結局，ベッチ数の系列は，$1, 0, 0, \cdots, 0, 1$ となる．この交代和をつくると $1 +$
$(-1)^n$ となって，やはり前に計算しておいたオイラー標数 $e(S^n) = 1 + (-1)^n$

と一致している.

これで, オイラー・ポアンカレの公式が実験的に確かめられたが, 上の実験で使ったベッチ数の系列をもう一度ながめてみよう.

曲面 X_p では: 　1, 2p, 1,

n 次元球面 S^n では: 　1, 0, 0, $\cdots$, 0, 1

となっている. つまり, 左右対称な数列になっているのである.

ここで, 円周 S^1 という "境界" をもつ円板 (記号: D^2) などと異なり, 曲面 X_p も n 次元球面も境界のない "閉じた" 多様体 ("閉多様体" ともいう) であったことを思いだそう. ポアンカレは (またまたポアンカレである!), このようなベッチ数の対称性が一般の閉じた多様体について成立することを証明した. 今日, ポアンカレ双対定理とよばれる定理である.

ポアンカレ双対定理　M^n を閉じた向きづけ可能な n 次元多様体とすると, 第 k ベッチ数 $b_k(M^n)$ は第 $(n-k)$ ベッチ数 $b_{n-k}(M^n)$ に等しい:

$$b_k(M^n) = b_{n-k}(M^n).$$

(ここで, 多様体が<u>向きづけ可能</u>であるということが出てきましたが, これについては, 次の4章で説明します.)

ポアンカレ双対定理を, 3次元の閉じた向きづけ可能な多様体 M^3 に適用してみると, $b_0(M^3) = b_3(M^3)$, $b_1(M^3) = b_2(M^3)$ を得る. このことと, オイラー–ポアンカレの公式を合わせて,

$$\begin{aligned} e(M^3) &= b_0(M^3) - b_1(M^3) + b_2(M^3) - b_3(M^3) \\ &= b_0(M^3) - b_1(M^3) + b_1(M^3) - b_0(M^3) \\ &= 0 \end{aligned}$$

がでる. つまり, 3次元の閉じた向きづけ可能多様体 M^3 のオイラー標数は 0 になるのである.

読者は, 5次元の多様体について同様の考察をしてみてほしい. やはりオイラー標数が 0 になることがわかると思う. 一般に,

系　奇数次元の, 閉じた向きづけ可能な多様体 M のオイラー標数は 0 である.

ということが，まったく同様にして証明できる．

　2 章で，奇数次元の球面のオイラー標数が 0 であることをみたが，それは，いま説明した事実の特別な場合だったのである．

第4章

次元が4の倍数かどうか

4の倍数次元の多様体には，特別な理論的役割がある．この章で，そのことを説明しよう．

図4.1の曲面 M 上に，2つのサイクル C, C' が描いてある．少し複雑な曲線であるが，C と C' は2点 p_1 と p_2 で交わっていることがわかる．しかも，この交わりはどちらも**横断的**である．横断的な交わりというのは，互いに接するような交わり方ではない，ということである．

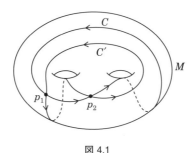

図 4.1

図4.2の (a) は横断的な交わり，(b) は横断的でない交わりである．

この章では，サイクル同士の交わりをもう少し数量化して考えてみる．そのなかで，4の倍数次元の多様体の特別な性質が明らかになってくると思う．

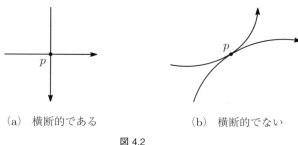

(a)　横断的である　　　　　(b)　横断的でない

図 4.2

●曲面の向きと交わりの符号

　サイクル同士の交わりを数量化する第一歩は，交点における**交わりの符号**というものを定義することである．そのためには，曲面 M に**向き**を与えなければならない．曲面の向きとは何か，をきちんと述べるには少し準備がいるので，ここでは簡単に，図 4.3 のような曲面上に描かれた丸い矢印のことと思っておく．図 4.3 はトーラスの "向き" を描いたものであるが，(a) と (b) の丸い矢印はそれぞれのトーラスに互いに反対の向きを与えていると考える．

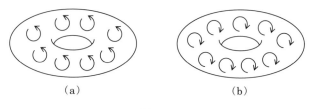

(a)　　　　　　　　　(b)

図 4.3

　ここで大切なことは，丸い矢印は曲面全体でいっせいに同じ向きにそろっていなければならないことである．図 4.3 のようにいっせいに同じ向きにそろった丸い矢印が描かれたとき，その曲面は**向きづけられた曲面である**といい，その矢印の絵のことをその曲面に与えた**向き**という．ただし，すべての曲面が向きづけられるわけではない．図 4.4 は有名なメビウスの帯であるが，この曲面上にいっせいに同じ向きにそろった丸い矢印を描くことはできない．

　いっせいに向きのつけられる曲面を**向きづけ可能**といい，そうでない曲面を**向きづけ不可能**という．球面やトーラス，一般に p 個の "穴" のある曲面 X_p（図

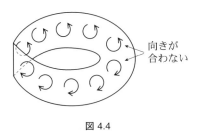

図 4.4

2.4) は向きづけ可能であり，メビウスの帯は向きづけ不可能である.

　これで一応，曲面の向きがわかったものとしよう.

　次に，**交わりの符号**というものを説明する. 向きづけられた曲面 M があり，その上に 2 つのサイクル C, C' が描かれているとする. 図 4.1 のように，C と C' は横断的に交わっているとしよう. このとき，各交点において "交わりの符号" を考えるのである.

　図 4.5 は，図 4.1 の交点 p_1 のまわりの様子を拡大したものである. 交点 p_1 の右上に丸い矢印が描いてあるが，これが M の向きだと思うことにする.

　交点 p_1 における交わりの符号を定義するのであるが，これは正確には "交点 p_1 において，C から C' に向かう交わりの符号" とよぶべきものである. それは，次のように定義される.

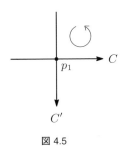

図 4.5

　点 p_1 において C と C' は 90° の角度で交わっているとしてよい. (もしそうでなければ，C または C' を少しずらして 90° で交わるようにする.) このとき，交点 p_1 を中心として，C を表す矢印を 90° 回転させると C' を表す矢印に重なるが，この回転の向きが，あらかじめ曲面 M に与えておいた向きと一致するかどうかをみるのである. それが一致すれば交わりの符号を +1，一致しなければ

交わりの符号を -1 と定義する.

図 4.5 ではどうなっているだろうか. M に与えられた向きは,図中の丸い矢印のように,時計と反対まわりになっている.ところが,交点 p_1 を中心として C を 90° 回転して C' に重ねるには,時計と同じ方向に回転させなければならない.これは M に指定された向きと一致しない.したがって,

$$(\text{交点 } p_1 \text{ における,} C \text{ から } C' \text{ へ向かう交わりの符号}) = -1$$

である.この式の左辺を,$\varepsilon(p_1; C, C')$ と書くことにする.すると,上の式は簡単に

$$\varepsilon(p_1; C, C') = -1$$

となる.

いまは,C から C' へ向かう交わりの符号を考えた.同じ図 4.5 において,こんどは C' から C へ向かう交わりの符号を考えてみよう.すると,交点 p_1 を中心に C' を 90° 回転させて C に重ねるには,その回転の向きは時計と反対向きにしなければならない(図 4.5 を見てください).この向きは,あらかじめ曲面 M に与えておいた向きと一致する.したがって,こんどは

$$\varepsilon(p_1; C', C) = +1$$

を得る.$\varepsilon(p_1; \quad)$ の中で C と C' の並べる順序を入れかえると,交わりの符号が逆転することがわかる.

図 4.1 のもうひとつの交点 p_2 で同じ考察をしてみてほしい.ただし,M の向きは,図 4.5 に描いた丸い矢印を(曲面 M の上をすべらせて)交点 p_2 の近くにもっていったものを,p_2 のまわりの向きと考えるのである.

次の結果が得られるはずである:

$$\varepsilon(p_2; C, C') = -1, \quad \varepsilon(p_2; C', C) = +1.$$

つまり,p_2 においても,C から C' に向かう交わりの符号は -1,反対に C' から C に向かう交わりの符号は $+1$ になっている.

練習のため,別の状況を考えてみる.図 4.6 を見てください.これは,ある曲面の一部を描いたものである.

曲面の向きは,ここでも反時計まわりに与えてある(図中の丸い矢印).この状

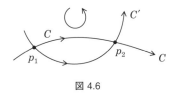

図 4.6

況では

$$\varepsilon(p_1; C, C') = -1, \qquad \varepsilon(p_2; C, C') = +1$$

となっている．このように，$\varepsilon(\ )$ の中での C と C' の順序を固定しておいても，交点の場所によって交わりの符号はいろいろである．（なお，C と C' の順序を入れかえると，p_1 においても p_2 においても符号は逆になる．つまり，p_1 においては $\varepsilon(p_1; C', C) = +1$，$p_2$ においては $\varepsilon(p_2; C', C) = -1$ となる．図 4.6 を見て確かめてください．）

●交点数

図 4.1 をもう一度，図 4.7 として描いておく．ここでも M の向きは，図の小さな丸い矢印のように反時計まわりに与えることにする．"交わりの符号" を使って，サイクル C とサイクル C' の**交点数**（記号で $C \cdot C'$ と書く）を定義しよう．C と C' は図 4.7 のように，どこでも横断的に交わっていると仮定する．

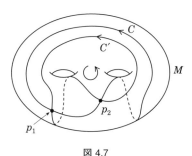

図 4.7

定義 $p_1, p_2, \cdots, p_r$ が C と C' の交点のとき，**交点数** $C \cdot C'$ とは

$$C \cdot C' = \varepsilon(p_1; C, C') + \varepsilon(p_2; C, C') + \cdots + \varepsilon(p_r; C, C')$$

で決まる数のことである．

つまり，$C \cdot C'$ は，C と C' のすべての交点の交わりの符号を加えたものである．ここでも，C と C' の順序が大切で，C を左に書いた交点数 $C \cdot C'$ を求めるときは，各交点 p_i において C から C' に向かう交わりの符号 $\varepsilon(p_i; C, C')$ を使い，反対に C' を左に書いた交点数 $C' \cdot C$ を求めるときは，各交点で C' から C に向かう交わりの符号 $\varepsilon(p_i; C', C)$ を使うのである．

図 4.7 での C と C' の交点数を求めてみよう．C と C' は 2 点 p_1 と p_2 で交わり，前にみておいたように，各々の交点における交わりの符号は

$$\varepsilon(p_1; C, C') = -1, \quad \varepsilon(p_2; C, C') = -1$$

であった．したがって，この 2 つを加えて $C \cdot C' = -2$ を得る．もちろん，C と C' の順序を入れかえると $C' \cdot C = +2$ となる．

交点数の重要な性質は，次の分配法則である．

交点数の分配法則　(1)　$C \cdot (C' + C'') = C \cdot C' + C \cdot C''$
　　　　　　　　　　(2)　$(C' + C'') \cdot C = C' \cdot C + C'' \cdot C$

C と $C'+C''$ の交点数は C と C' の交点数と C と C'' の交点数を加え合わせればよい，というのは直観的には明らかである．また，厳密な証明といっても，このことと大して違わない．

分配法則の便利な点は，基本サイクルについてさえ交点数を計算しておけば，他のサイクルの交点数はそれから求まることである．

基本サイクルについて復習しておくと，曲面 M 上のサイクル $C_1, C_2, \cdots, C_r$ が基本サイクルであるとは，M 上の他のどんなサイクル C も，$C = m_1 C_1 + m_2 C_2 + \cdots + m_r C_r$ とひと通りに書き表されることであった（ここで $m_1, m_2, \cdots, m_r$ は整数である）．

注意　前にはっきり言っておかなかったが，高次元の多様体まで含めてサイクルの理論を考えると，**有限位数のサイクル**が現れることがある．これは，それ自身では 0 でないサイクル C であって，それを何倍かすると 0 になる，すなわち $mC = 0$ という自然数 m (> 0) があるようなサイクルである．ここでは，簡単に，有限位数のサイクルは現れない場合に限って議論を進めている．

図 4.7 の曲面 M の基本サイクルは 4 つあり，図 4.8 にそれらが図示してある．

（基本サイクルの取り方はひと通りとは限らない．図 4.8 以外にも，いろいろの取り方がある．）

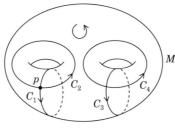

図 4.8

　図で見るように，C_1 と C_2 は 1 点で交わり，その交点 p において C_1 から C_2 に向かう交わりの符号 $\varepsilon(p; C_1, C_2)$ は $+1$ である：$\varepsilon(p; C_1, C_2) = +1$．したがって，

$$C_1 \cdot C_2 = 1$$

である．（また，これから $C_2 \cdot C_1 = -1$ がわかる．）　同様に C_3 と C_4 も 1 点で交わり，そこでの符号を考えて

$$C_3 \cdot C_4 = 1 \quad (C_4 \cdot C_3 = -1)$$

を得る．一方，C_1 と C_3，C_1 と C_4 は交わらないから，$C_1 \cdot C_3 = 0, C_1 \cdot C_4 = 0$．同様に，$C_2 \cdot C_3 = 0, C_2 \cdot C_4 = 0$ である．

　C_1 とそれ自身 C_1 との交点数 $C_1 \cdot C_1$ はどう考えればよいだろうか．C_1 を図 4.8 の曲面の上で少し右に平行にずらすと，自分自身からはずれてしまう．つまり，C_1 と C_1 の交わりは（ずらしたあとは）0 になってしまう．このことから

$$C_1 \cdot C_1 = 0$$

であると考える．同様な考えから，$C_2 \cdot C_2 = 0, C_3 \cdot C_3 = 0, C_4 \cdot C_4 = 0$ を得る．

　基本サイクルの間の交点数は，下のような表にまとめると便利である．この表を基本サイクル $\{C_1, C_2, C_3, C_4\}$ に関する**交点行列**とよぶ．この行列の中で，たとえば $C_1 \cdot C_2 \ (= 1)$ の値は，いちばん上の横に並んだ第 1 行の左から 2 番目（これを 1 行 2 列の位置という）に書く．また，たとえば $C_1 \cdot C_4 \ (= 0)$ の値は，第 1 行の左から 4 番目（1 行 4 列）に書く．

$$\begin{pmatrix} 0 & 1 & 0 & 0 \\ -1 & 0 & 0 & 0 \\ 0 & 0 & 0 & 1 \\ 0 & 0 & -1 & 0 \end{pmatrix}$$

交点行列が計算できると，他のサイクルの間の交点数は分配法則を使って求まる．このことを，図 4.7（=図 4.1）のサイクル C と C' の交点数について示そう．

まず，C と C' が基本サイクルでどう書けるかを考えてみよう．図 4.9 に，曲面 M 上のサイクル C だけを取り出して（しかも少し変形して）描いてある．

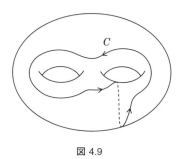

図 4.9

この絵と図 4.8 の基本サイクルの絵を見くらべてほしい．すると，C は基本サイクルによって

$$C = C_2 - C_3 + C_4$$

と書けることがみてとれると思う．同じようにして，C' は基本サイクルによって

$$C' = C_1 + C_2 + C_4$$

と書ける．これから，分配法則を使って（多項式のように）展開すれば

$$\begin{aligned} C \cdot C' &= (C_2 - C_3 + C_4) \cdot (C_1 + C_2 + C_4) \\ &= C_2 \cdot (C_1 + C_2 + C_4) - C_3 \cdot (C_1 + C_2 + C_4) \\ &\quad + C_4 \cdot (C_1 + C_2 + C_4) \\ &= C_2 \cdot C_1 + C_2 \cdot C_2 + C_2 \cdot C_4 - C_3 \cdot C_1 - C_3 \cdot C_2 - C_3 \cdot C_4 \\ &\quad + C_4 \cdot C_1 + C_4 \cdot C_2 + C_4 \cdot C_4 \end{aligned}$$

$$= (-1) + 0 + 0 - 0 - 0 - 1 + 0 + 0 + 0$$
$$= -2$$

となり，前と同じ結果が得られる．

もっと複雑なサイクルの場合も，計算法はまったく同じである．

●偶数次元への拡張

曲面上のサイクルの交点数は，n 次元多様体の中の k 次元サイクル C と $(n-k)$ 次元サイクル C' との交点数 $C \cdot C'$ に一般化できる．もし，n が偶数で $n = 2k$ であれば，$n - k = k$ であるから，2 つの k 次元サイクルの間の交点数 $C \cdot C'$ が考えられることになる．ここでは，そのような状況を考えてみよう．

M^{2k} の中に 2 つの k 次元サイクル C, C' があって，それらが有限個の交点で横断的に交わっているとしよう．曲面上のサイクルの場合と違って，$2k$ 次元の空間の中で 2 つの k 次元サイクルが横断的に交わる様子は想像しにくいかもしれないが，座標を使って書くとわかりやすい．

C と C' の交点のひとつを p とし，p を原点とする M^{2k} の局所座標 $(x_1, x_2, \cdots, x_k, x_{k+1}, \cdots, x_{2k})$ を適当にとって，この交点の近くで，C という k 次元サイクルが，$x_{k+1} = \cdots = x_{2k} = 0$ で定義される（前半分の）k 次元空間 $\{(x_1, \cdots, x_k, 0, \cdots, 0)\}$ と一致し，C' の方は $x_1 = \cdots = x_k = 0$ で定義される（後半分の）k 次元空間 $\{(0, \cdots, 0, x_{k+1}, \cdots, x_n)\}$ と一致するようにできるとき，C と C' は p で横断的に交わるということにする．

図 4.10 はその様子を図示したつもりだが，曲面上の曲線の絵とあまり変わらないものになってしまった．

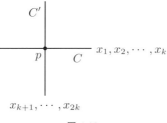

図 4.10

なお，p の近くでは C と C' の交わりは交点 p だけである．これはよく考えて

みると面白いことで，$2k$ 次元空間の中では，k 次元空間と k 次元空間がただ1点で横断的に交わるのである．特に $k = 2$ とおくと，4次元空間の中では，平面と平面がただ1点で横断的に交わるのである．(われわれの3次元空間では，2平面は平行であるか，あるいは，交わるとすると直線にそって交わるしかない．)

さて，k 次元サイクルの交わりの場合にも，交わりの符号が定義できる．

しかし，曲面の場合と同様に，その前に，一般次元の多様体にも**向きづけ**の意味をはっきりさせておかなければならない．こんどは，丸い矢印を描くわけにはいかないので，少し "理論的な" 定義になる．

定義　n 次元多様体 M の1点 p のまわりの**向き**とは，その点を原点とする局所座標系 $(x_1, x_2, \cdots, x_n)$ の並べ方のことである．ただし，$x_1, x_2, \cdots, x_n$ の間で偶数回の入れかえをおこなったものは同じ向きを定めると規約し，奇数回の入れかえをおこなったものは反対の向きを定めると規約する．

曲面にもどって考えるのが，いちばんわかりやすい．上の定義によれば，2次元の場合 (x_1, x_2) と (x_2, x_1) は反対の向きを定めることになるが，図4.11のように，(x_1, x_2), (x_2, x_1) という並べ方はそれぞれ，x_1 から x_2 に向かう，あるいは x_2 から x_1 に向かう，丸い矢印を指定していると思えばよい．

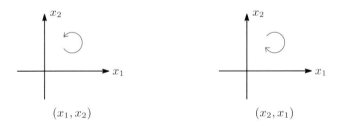

図 4.11

多様体 M の各点でいっせいに同じ "向き" が指定されているとき，M は**向きづけられている**という．曲面のときと同様に，向きづけ可能な多様体と向きづけ不可能な多様体が区別される．(これでようやく，3章のポアンカレ双対定理の仮定に出てきた "向きづけ可能な多様体" の説明ができた．)

さて，M^{2k} の中で，2つの k 次元サイクル C, C' が横断的に交わっている，

という状況にもどる. M^{2k} も C も C' も, すべて向きが与えられているとする. C と C' の交点のひとつ p において, "C から C' に向かう交わりの符号" $\varepsilon(p;C,C')$ なるものを定義しよう.

C は向きづけられているから, 交点 p において, C の局所座標の並べ方 $(x_1,\cdots,x_k)$ が指定されている. 同様に, C' は向きづけられているから, やはり, p において C' の局所座標の並べ方 $(y_1,\cdots,y_k)$ が指定されている. そして, p は C と C' の横断的な交点であるから, この2つの局所座標を合わせたもの

$$(x_1,\cdots,x_k,y_1,\cdots,y_k)$$

は, 全体の M^{2k} の（p における）局所座標になっている. こうして得られた局所座標 $(x_1,\cdots,x_k,y_1,\cdots,y_k)$ が, あらかじめ指定されている M^{2k} の向き（つまり局所座標の並べ方）と一致した並べ方になっていれば $\varepsilon(p;C,C')=+1$, 一致しない並べ方になっていれば $\varepsilon(p;C,C')=-1$ とおくのである.

さて, ここで大切な考察をする. それは, C と C' の順序を逆にしたときどうなるか, ということである. 曲面の場合（M^{2k} の $k=1$ のとき）は C と C' を逆にすると交わりの符号は逆転した: $\varepsilon(p;C,C')=-\varepsilon(p;C',C)$. しかし, 一般の場合は, 逆転しないこともあるのである.

C と C' の順序を入れかえたとき, p において, C' の局所座標 $(y_1,\cdots,y_k)$ と C の局所座標 $(x_1,\cdots,x_k)$ を, この順に並べたもの

$$(y_1,\cdots,y_k,x_1,\cdots,x_k)$$

が, M^{2k} に指定された向きと一致するかどうかをみて, 交わりの符号を求めるわけである. これと, 前の $(x_1,\cdots,x_k,y_1,\cdots,y_k)$ の場合を比較しよう.

補題 $(y_1,\cdots,y_k,x_1,\cdots,x_k)$ という並べ方は, $y_1,\cdots,y_k,x_1,\cdots,x_k$ の間の k 回の入れかえによって $(x_1,\cdots,x_k,y_1,\cdots,y_k)$ に変えられる.

（証明）$(y_1,\cdots,y_k,x_1,\cdots,x_k)$ の中の y_1 を x_1 と入れかえる. そのあと y_2 と x_2 を入れかえる. そのあと y_3 と x_3 を入れかえる. $\cdots$. 最後に y_k と x_k を入れかえる. この k 回の入れかえによって, $(y_1,\cdots,y_k,x_1,\cdots,x_k)$ は $(x_1,\cdots,x_k,y_1,\cdots,y_k)$ に変わる.

（証明終わり）

　座標の入れかえを奇数回おこなってうつり合う並べ方は反対の "向き" を定義し，偶数回おこなってうつり合う並べ方は同じ "向き" を定義すると約束しておいた．

　上の補題から，$(y_1, \cdots, y_k, x_1, \cdots, x_k)$ は k 回の入れかえで $(x_1, \cdots, x_k, y_1, \cdots, y_k)$ にうつる．したがって，$(y_1, \cdots, y_k, x_1, \cdots, x_k)$ の定める "向き" と $(x_1, \cdots, x_k, y_1, \cdots, y_k)$ の定める "向き" は，k が奇数なら反対であり，k が偶数なら同じである．

　これを交わりの符号 $\varepsilon(p\,; C, C')$ の言葉でいえば，次のようになる：k が奇数なら $\varepsilon(p\,; C, C') = -\varepsilon(p\,; C', C)$ であり，k が偶数なら $\varepsilon(p\,; C, C') = \varepsilon(p\,; C', C)$．すなわち，ひとつの式で表すと

$$\varepsilon(p\,; C, C') = (-1)^k \varepsilon(p\,; C', C)$$

となる．

　曲面上のサイクルの場合と同様に，交点数 $C \cdot C'$ を次のように定義する．

定義　$p_1, p_2, \cdots, p_r$ を C と C' の交点とするとき，**交点数** $C \cdot C'$ とは
$$C \cdot C' = \varepsilon(p_1\,; C, C') + \varepsilon(p_2\,; C, C') + \cdots + \varepsilon(p_r\,; C, C')$$
で決まる数のことである．

　この場合も，**分配法則**：$C \cdot (C' + C'') = C \cdot C' + C \cdot C''$ および $(C' + C'') \cdot C = C' \cdot C + C'' \cdot C$，が成立する．そして，$C$ と C' を入れかえたとき，次がなりたつ(これは，交点における交わりの符号についていえたことから明らかである)：

$$C \cdot C' = (-1)^k C' \cdot C \quad (C, C'\,: k \text{ 次元}).$$

　曲面で $C \cdot C' = -C' \cdot C$ であったのは，$k = 1$ の特別な場合だったのである．
　いま，全体の多様体 M^{2k} の次元は $2k$ としている．したがって，k が偶数 $(= 2l)$ のとき，その次元 $2k$ は $4l$，つまり 4 の倍数になる．k が偶数なら，上の式から $C \cdot C' = C' \cdot C$ であるから，これで次の定理が示された．

定理　M^{2k} が 4 の倍数次元なら，k 次元サイクル同士の交点数 $C \cdot C'$ は C と C' に関して対称である：$C \cdot C' = C' \cdot C$．

この一見なんでもない事実が，4 の倍数次元多様体に特別の理論的な役目を負わせることになるのである．（次の 5 章で，もっと詳しく述べる．)

●ベクトル場に関するホップの定理

交点数を使って，ベクトル場に関するホップの定理を証明することができる．

前置きとして予備的な考察をしよう．k 次元球面の<u>直積</u> $S^k \times S^k$ を考えてみよう（3 章参照）．前に，$k = 1$ の場合 $S^1 \times S^1$ はトーラスと同じものであることをみたが（図 3.3），一般の k の場合も図は同じようなものである（図 4.12 を見てください）．

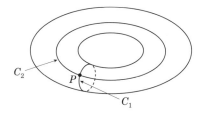

図 4.12　$M^{2k} = S^k \times S^k$

$S^k \times S^k$ の左側の S^k のかってな 1 点 p を固定したとき，$S^k \times S^k$ の部分空間 $\{p\} \times S^k$ は S^k と同じ形の k 次元サイクル C_1 と思える．また，$S^k \times S^k$ の右側の S^k のかってな 1 点 q を固定すると，$S^k \times \{q\}$ はもうひとつの k 次元サイクル C_2 と思える．C_1 と C_2 とは，(p, q) という対の表す 1 点 P で（横断的に）交わっている．$M^{2k} = S^k \times S^k$ とおく．M^{2k} の向きを適当に定めれば，

$$C_1 \cdot C_2 = 1$$

とすることができる．前節の考察により，C_1 と C_2 を入れかえれば $C_2 \cdot C_1 = (-1)^k$ である．

C_1, C_2 をそれぞれ少しずつずらすと，C_1 は C_1 自身からはずれ，C_2 は C_2 自身からはずれる．これから，$C_1 \cdot C_1 = 0, C_2 \cdot C_2 = 0$ を得る．

じつは，$\{C_1, C_2\}$ が $M^{2k} = S^k \times S^k$ の k 次元の基本サイクルになっている．$\{C_1, C_2\}$ に関する交点行列は，上の考察から

$$\begin{pmatrix} 0 & 1 \\ (-1)^k & 0 \end{pmatrix}$$

となる.

　$S^k \times S^k$ の**対角線** Δ を考えてみよう. これは, S^k の点 p をそれ自身と並べてつくった対 (p,p) を, S^k 上のいろいろな点 p について考えた全体である.

　たとえば, 簡単な場合として, 通常の xy 平面の $\{(x,y) \mid 0 \le x \le 1, 0 \le y \le 1\}$ で定義される正方形 $abcd$ を考える(図 4.13 を見てください). 正方形は, x 軸の単位区間 $[0,1]$ と y 軸の単位区間 $[0,1]$ の直積 $[0,1] \times [0,1]$ と考えられる. そして, $y=x$ のグラフ (をこの正方形の中に制限したもの) は, 明らかに (x,x) という対の全体であるから, 対角線 ac になっている.

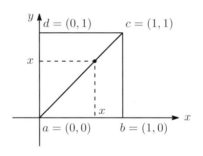

図 4.13

　$S^k \times S^k$ の中でも同様に, "対角線" Δ を, $\Delta = \{(p,p) \mid p \in S^k\}$ によって定義するのである.

　この対角線 Δ は, それ自身としては k 次元球面 S^k と同じ形である. それが $S^k \times S^k$ の中に傾いて入っている. Δ は $S^k \times S^k$ の k 次元サイクルと考えられるが, それは基本サイクル C_1 と C_2 でどのように書けるだろうか. じつは

$$\Delta = C_1 + C_2$$

と表せるのである. (その理由は, 3 章の図 3.7 で示したのとだいたい同じである.) C_1 と C_2 の間の交点数はすでにわかっているから, Δ のそれ自身との交点数 $\Delta \cdot \Delta$ が (分配法則を使って) 計算できる. すなわち

$$\Delta \cdot \Delta = (C_1 + C_2) \cdot (C_1 + C_2)$$
$$= C_1 \cdot C_1 + C_1 \cdot C_2 + C_2 \cdot C_1 + C_2 \cdot C_2$$
$$= 0 + 1 + (-1)^k + 0$$
$$= 1 + (-1)^k.$$

この結果にはどこかで見覚えがあると思う．もちろんそれは，2章で計算したように，k 次元球面のオイラー標数 $e(S^k)$ にほかならない．こうして，次の定理がわかった．

定理 直積 $S^k \times S^k$ の対角線 Δ の自己交点数 $\Delta \cdot \Delta$ は，S^k のオイラー標数 $e(S^k)$ に等しい：$\Delta \cdot \Delta = e(S^k)$.

この定理は，一般の向きづけられた閉じた k 次元多様体 M^k にも拡張できる．次の定理がなりたつのである．

定理 直積 $M^k \times M^k$ の対角線 Δ の自己交点数 $\Delta \cdot \Delta$ は，M^k のオイラー標数 $e(M^k)$ に等しい：$\Delta \cdot \Delta = e(M^k)$.

以上を前置きにして，ベクトル場に関するホップの定理を説明しよう．

多様体 M^k の**ベクトル場** X とは，M^k の各点に矢印を描き，その矢印の向きと長さが，点の位置に連続的に依存するようにしたものである．長さ 0 の矢印を描いてもかまわない．長さ 0 の矢印の描かれた点を，そのベクトル場 X の**特異点**という．図 4.14 には，2 次元の球面 S^2 とトーラス T^2 の上のベクトル場が描いてある．球面上のベクトル場には特異点が現れており，トーラス上にはない．

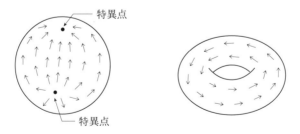

図 4.14

じつは，**2 次元球面 S^2 上には，特異点のないベクトル場は描けない**のである．

これはホップの定理の特別な場合である. S^2 のオイラー標数は 2 であるが, 一般に次の定理がなりたつ. ("本当の"ホップの定理は, もっと一般的である.)

ホップの定理[1]　M^k を閉じた向きづけ可能な k 次元多様体とする. $e(M^k) \neq 0$ であれば, M^k のベクトル場には必ず特異点がある.

(証明)　X を M^k のベクトル場とする. M^k の各点 p に, その点を根もととして描かれた矢印の先端 q を対応させることによって, 連続的な対応

$$f : M^k \longrightarrow M^k$$

が得られる(図 4.15).

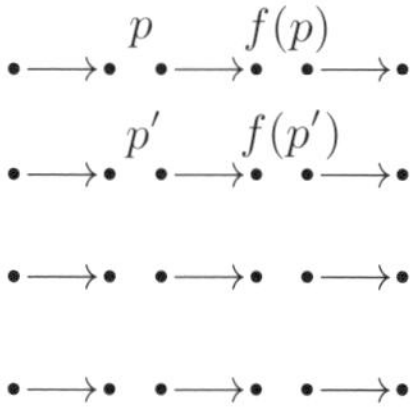

図 4.15

つまり, ベクトル場 X にそって M^k の点 p を動かす写像が $f : M^k \to M^k$ である. もし p がベクトル場 X の特異点ならば, そこでの矢印の長さは 0 だから p は動かない. すなわち $f(p) = p$ となっている.

さて, $f : M^k \to M^k$ の**グラフ** Γ を直積 $M^k \times M^k$ の中で考えよう. Γ は, M^k の各点 p について p と $f(p)$ の対 $(p, f(p))$ をつくったものの全体である:

$$\Gamma = \{(p, f(p)) \mid p \in M^k\}.$$

(xy 平面上で, 関数 $y = f(x)$ のグラフが, 対 $(x, f(x))$ で表される点の全体であることと同じである.)

M^k の点 p にそれ自身 p を対応させる対応 $M^k \to M^k$ のことを**恒等写像**という. 上と同様に, 直積 $M^k \times M^k$ の中につくった恒等写像のグラフが, 対角線 Δ にほかならない.

---

1)　ポアンカレ–ホップの定理ともいう.

$f: M^k \to M^k$ はベクトル場 X にそって点 p をもとの位置から動かしたものだから，そのグラフ Γ は，直積 $M^k \times M^k$ の中で恒等写像のグラフ Δ を少しずらしたものである．したがって，<u>k 次元サイクルとしては $\Delta = \Gamma$ と考えてよい</u>（少しずらしても，サイクルとしては同じものと考えるのだった）．よって，交点数について

$$\Delta \cdot \Delta = \Delta \cdot \Gamma$$

がなりたつ.

ところで，$\Delta \cdot \Delta = e(M^k)$ であった．一方，もしベクトル場 X に特異点がなければ，M^k 上のすべての点 p について $f(p) \neq p$ であり，したがって $(p, f(p)) \neq (p, p)$ であるから，点 $(p, f(p))$ は対角線 Δ 上にない．いいかえれば，f のグラフ Γ は対角線 Δ と交わらない．交点数の言葉では $\Delta \cdot \Gamma = 0$ である．

こうして，X に特異点がなければ，$e(M^k) = \Delta \cdot \Delta = \Delta \cdot \Gamma = 0$ であることがわかった．同じことを対偶をとっていうと，$e(M^k) \neq 0$ ならば X には必ず特異点があることになる．これがホップの定理である．　　　　　（証明終わり）

偶数次元球面のオイラー標数は 2 であったから，

系　偶数次元球面 S^{2k} 上には，特異点のないベクトル場は存在しない.

一方，別の方法で，次の事実が証明できる.

命題　奇数次元球面 S^{2k+1} 上には，特異点のないベクトル場が少なくともひとつ存在する.

奇数次元，偶数次元の球面の性質のあざやかな対比がここにある.

第5章

高次元と低次元

　図形や空間の不変量をとり扱う代数的トポロジー（29 ページ参照）は，1940〜50 年代までに大いに発展した．その成果のうえにたって，1950〜60 年代には，多様体の微分トポロジーという新しい分野が花開いた．

　微分トポロジーは，多様体に関して多くの新しい事実を明らかにした．実際，それまで想像もされなかった数々の現象が発見され，それに関連する多くの予想や問題が生みだされた．微分トポロジーの流れは今日まで続いており，現在も活発に研究されている．

　大きく分けて，1950〜60 年代は高次元多様体（5 次元以上）の研究が主流であった時期，70 年代以降は低次元多様体（3 次元と 4 次元）に大きな関心がもたれるようになった時期と言える．

　この 5 章では，高次元と低次元の微分トポロジーから，それぞれひとつずつ話題を選んで紹介する．高次元の代表的結果として，エキゾチック球面について説明しよう．これは一見奇妙であるが，高次元には普遍的な存在と考えられるものである．次に，低次元の話題から，ドナルドソンの定理を紹介する．これは，4 次元多様体の特異性を際立たせる重要な定理である．

●エキゾチック球面

　1956 年，J.ミルナーは，通常の 7 次元球面 S^7 と異なる 7 次元“球面”が存在する，という驚くべき発見をした．今日，このような“球面”はエキゾチック球面とよばれている．エキゾチック球面はミルナー以後，7 次元

以上において次々に発見され，60 年代の初めには，各次元で何個存在するかという個数までわかってしまった．たとえば，7 次元には（通常の球面 S^7 も加えて数えると）28 個のエキゾチック球面が存在する．7 次元より低い 1, 2, 3, 5, 6 の各次元には，エキゾチック球面は存在しない．見慣れた球面（通常の S^n，$n =$ 1,2,3,5,6）しかない．残念ながら，われわれは，エキゾチック球面を実際に見るわけにはいかないのである．

　1, 2, 3, 5, 6 からは 4 次元が抜けているが，4 次元のエキゾチック球面が存在するかどうかはわかっていない．未解決の難問である．

　1 章で，トポロジーは図形の性質のうちで，曲げたり伸ばしたりの連続変形を施しても変わらないようなものを研究する，と言った．そして，そのような性質を位相不変な性質とよんだ．エキゾチック球面を説明するには，位相不変ということをここでもっと厳密に定式化しておく必要がある．

　2 つの空間 X と Y があるとしよう．そして，X の各点 x に Y のある点 y を対応させる写像

$$f : X \longrightarrow Y$$

が与えられているとする．この写像は 1 対 1 であるとする．つまり，$x_1 \neq x_2$ であるときはいつでも $f(x_1) \neq f(x_2)$ であるとする（X の異なる 2 点が Y の同一点に対応することはない）．さらに，f は "上へ" の写像であるとする．つまり，Y のどの点 y をとっても，そこに X のある点 x がうつってきているとする（Y の任意の点 y について，$y = f(x)$ となる X の点 x が存在する）．ひとことで言えば，写像 f によって，X の点と Y の点がひとつずつ，残りなく対応しあっているとするのである．

定義　上のような $f : X \to Y$ によって，点 x と点 y が $y = f(x)$ と対応しているとき，x が連続的に動けば y も連続的に動き，逆に y が連続的に動けば x も連続的に動くなら，f は**同相写像**であるという．

　要するに，2 つの空間 X と Y の間の同相写像 $f : X \to Y$ とは，X の点と Y の点をひとつずつ残りなく，しかも連続的に対応させる写像のことである（58 ページの図 5.1 を見てください）．

ミルナー

(J. W. Milnor, 1931–)

　プリンストン大学の結び目理論の大家フォックス
(R. H. Fox) の弟子．稀代の秀才で，フォックスの
出した「結び目の全曲率」に関する問題を鮮やかに
解いて，最初の論文をアナルス・オブ・マセマティ
ックスに発表したのが 19 歳のとき．また，7 次元のエキゾチック球面を発
見し論文を発表したのが 25 歳のとき．その業績によって 1962 年のフィー
ルズ賞を受けたのが 31 歳のときだった．

　モース理論，h-コボルディズム理論，特性類，複素超曲面の特異点，K
理論，など多くの教科書を書いた．そのどれもが名著である．説明は平易
かつ完璧でわかりやすい．

　童顔で，太ってはいないが長身，大柄な人で，靴の大きさは 30 センチ
くらいはあったような気がする．

　ミルナーの秀才ぶりを伝えるエピソードに，学生が「こんな問題を考え
たいが，どうでしょうか」と相談に行くと，少し考えて，「それはこうすれ
ば解けるよ」と解いてしまうか，「それにはこんな反例があるよ」と，解
決不可能であることを教えてくれるかどちらかなので，博士論文を書くた
めの指導教員としては適していなかった，という噂話がある．筆者がアメ
リカに滞在していた 1976,7 年の冬のこと，面会の約束をとっておいた日
に大雪が降り，自然にキャンセルと思いきや，ずっと待っていてくれたこ
とを知って，大変恐縮した思い出がある．

　1 章で，"曲げたり伸ばしたりの連続変形を施して，図形 X を図形 Y に変形す
るとき …" というような言い方をしたが，そこで本当に言いたかったのは，"X
から Y への同相写像 $f : X \to Y$ が存在するとき …" ということだったのであ
る．

　X から Y への同相写像 $f : X \to Y$ があるとき，X と Y は**位相同形**であると

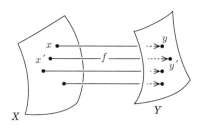

図 5.1　同相写像

　いう．1 章で説明した "位相不変な性質" とは，厳密にいえば，位相同形な図形
（または空間）に共通な性質のことである．

　空間 X, Y が多様体のときは，同相写像よりもっと強い**微分同相写像**の概念が
定義できる．次に，これを説明しよう．

　M を多様体とする．多様体は単に空間であるというだけではなく，"なめらか
な" 空間である．そして，多様体 M から多様体 N への写像 $f : M \to N$ がなめ
らかであるとはどういうことかが定義できるのである．

　$f : M \to N$ を与えられた連続写像としよう．p を M のかってな点とし，p の
まわりで M の局所座標 $(x_1, x_2, \cdots, x_m)$ を考える．また，p を f でうつした点
$f(p)$ のまわりで N の局所座標 $(y_1, y_2, \cdots, y_n)$ を考える．

　p の近くの点 $p' = (x_1, x_2, \cdots, x_m)$ を f でうつすと，$f(p)$ の近くの点
$f(p') = (y_1, y_2, \cdots, y_n)$ にうつるが，このとき，$y_1, y_2, \cdots, y_n$ のひとつひとつ
は，$(x_1, x_2, \cdots, x_m)$ を変数とする多変数の実数値関数になっている．各々の
y_i が，$(x_1, x_2, \cdots, x_m)$ を変数とする関数として何回でも微分可能のとき，$f :$
$M \to N$ は p のまわりで**なめらか**である，という．3 章の初めに述べた多様体の
定義の条件 (2) により，f が p のまわりでなめらかであるかどうかは，局所座
標系 $(x_1, x_2, \cdots, x_m), (y_1, y_2, \cdots, y_n)$ の取り方によらない．そして，M のど
んな点のまわりでも f がなめらかであるとき，単に，$f : M \to N$ はなめらかな
写像である，ということにする．

定義　2 つの多様体 M と N の間の同相写像 $f : M \to N$ が**微分同相写像**であ
るとは，f が M から N へのなめらかな写像であり，同時に f の逆写像 $f^{-1} :$
$N \to M$ も N から M へのなめらかな写像であることをいう．

多様体 M と N の間に微分同相写像 $f : M \to N$ があるとき，M と N は微分同相であるということにする．

M と N が微分同相なら，それらはもちろん位相同形である．しかし，逆はなりたつだろうか．M と N が位相同形なとき，M と N が微分同相といえるだろうか．

同相写像 $f : M \to N$ があるとしても，この f 自身は微分同相写像であるとは限らない．しかし，f とは別になんらかの微分同相写像 $g : M \to N$ を構成して，M と N が微分同相になることが証明できないだろうか．

ミルナーが発見したのは，それができないことを示す最初の例であった．

ミルナーの定理　次の 2 性質 (1), (2) を同時にもつ 7 次元多様体 Σ^7 が存在する！

(1)　Σ^7 は 7 次元球面 S^7 と位相同形である．

(2)　Σ^7 は 7 次元球面 S^7 と微分同相にならない．

同相写像の観点からは，Σ^7 と S^7 とは区別がつかない (性質 (1))．しかし，なめらかな多様体としては，Σ^7 と S^7 はまったく違う (性質 (2)) というのである．

Σ^7 と S^7 とは，その上のなめらかさの構造（これを**微分構造**という）がまったく異なる．このような Σ^7 が**エキゾチック球面**である．

こうして，同相写像で不変な性質のみに着目していた従来のトポロジーでは捉えきれない対象，すなわち**多様体の微分構造**が新しい研究対象として浮かび上がってきた．微分構造を主な研究対象とするトポロジーとして，微分トポロジーが誕生したのである．

ミルナーは，ごく自然な方法で Σ^7 を構成した．そして，それが通常の球面 S^7 と異なることを，F.ヒルツェブルフの指数定理を用いて証明したのである．（指数定理は，当時，発見後数年しかたっていない出来たての定理であった．）

以下，指数定理とミルナーの証明方法を説明しよう．

●ヒルツェブルフの指数定理

M を4の倍数次元の，閉じた，かつ，向きづけられた多様体とする．その次

ヒルツェブルフ

(F. E. P. Hirzebruch, 1927–2012)

　現代ドイツの誇る数学者のひとり．本書にも登場するホップの弟子．指数定理の発見で有名．発見当時の思い出によると，指数定理がなりたつとしたらこの形の多項式に違いないと当たりをつけ，滞在中だったプリンストンの図書室に行くと，到着したばかりの研究誌にトムのコボルディズム理論の報告が出ているのを見つけた．その結果を見ると，（多分，瞬間的だったと思われるが）指数定理の証明が完結したという．

　誠実な人柄で，日本との関係も深い．1969 年以来，ボン大学に世界各地から若手研究者を招聘する事業を始め，1982 年にはボンに，マックス・プランク研究所を創設した．この研究所は，若き日に滞在したアメリカのプリンストン高等研究所がモデルになったようである．この研究所に滞在した日本人研究者は百数十名を越えている．日本数学会は 1996 年に「関孝和賞」を贈り，その業績を称えた．

元を $2k$ としよう．$2k$ は 4 の倍数だから，k は偶数である．4 章で説明したように，このとき，k 次元サイクル同士の交点数 $C \cdot C'$ は，C と C' に関して対称的である．つまり

$$C \cdot C' = C' \cdot C$$

がなりたつ．

　$C_1, C_2, \cdots, C_r$ を M^{2k} の k 次元基本サイクルとする．4 章で，これらの基本サイクルの間の<u>交点行列</u>を考えた．C_i と C_j の交点数 $C_i \cdot C_j$ の値を i 行 j 列の所に並べた行列である．M^{2k} が 4 の倍数次元だから，$C_i \cdot C_j = C_j \cdot C_i$ であって，交点行列は<u>対称行列</u>である．つまり，i 行 j 列の値と j 行 i 列の値が同じであるような行列である．

　簡単な場合を考えてみよう．k が偶数のとき，k 次元球面 S^k とそれ自身との

直積 $S^k \times S^k$ は 4 の倍数次元の多様体になる. そして, 図 5.2 で示されたように
基本サイクル C_1, C_2 を選ぶと, 交点行列は

$$\begin{pmatrix} 0 & 1 \\ 1 & 0 \end{pmatrix}$$

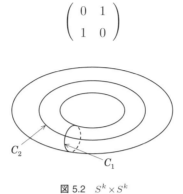

図 5.2 $S^k \times S^k$

となるのだった(4 章). この行列は明らかに対称である.

さて, 線形代数学の基本的な事実として, 対称行列には**指数** (または**符号数**)
とよばれる不変量が対応する.

通常, 指数は次のように説明される. A を対称行列とし, A を実数体上で対角
行列に直す. ここで, 対角行列とは

$$\begin{pmatrix} b_1 & & & O \\ & b_2 & & \\ & & \ddots & \\ O & & & b_r \end{pmatrix}$$

のように, i 行 i 列以外はすべて 0 が並んだ行列である. 対角成分 (つまり, 対
角線上に並んだ数)

$$b_1, b_2, \cdots, b_r$$

のうち, プラスのものが l 個, マイナスのものが m 個あるとすると, はじめの
行列 A の**指数**とは, 差

$$l - m$$

のことである. したがって, 行列 A の指数は A で決まるひとつの整数なのであ

る．（なお，指数は A だけで決まって，その対角化の仕方には依存しない.）

　上に，"A を実数体上で対角化する" ということが出てきたが，これを具体的に説明しよう．

　いま，A は基本サイクル $\{C_1, C_2, \cdots, C_r\}$ に関する交点行列であるとする．$a_1, a_2, \cdots, a_r, b_1, b_2, \cdots, b_r, \cdots$ を適当な実数として，

$$C_1' = a_1 C_1 + a_2 C_2 + \cdots + a_r C_r,$$
$$C_2' = b_1 C_1 + b_2 C_2 + \cdots + b_r C_r,$$
$$\cdots\cdots$$
$$C_r' = d_1 C_1 + d_2 C_2 + \cdots + d_r C_r$$

とおいて，新しいサイクルの系 $\{C_1', C_2', \cdots, C_r'\}$ を考える．4 章では，$C_1, C_2, \cdots, C_r$ の係数 $a_1, a_2, \cdots, b_1, b_2, \cdots, d_1, d_2, \cdots$ がすべて整数の場合しか考えなかった．上のように実数係数の和を考えると，図形的な意味はあまりなくなってしまう．単なる形式的な計算と思ってほしい．とにかく，こうして形式的な "サイクル" の系 $\{C_1', C_2', \cdots, C_r'\}$ をつくったとする．しかも，これが "基本サイクル" であるとする．ここでいう "基本サイクル" も形式的な意味であって，もとの基本サイクル $C_1, C_2, \cdots, C_r$ の各々が逆に $C_1', C_2', \cdots, C_r'$ の実数係数の和で表せることだと思ってほしい．

　要するに，実数係数も許すことにして，基本サイクル $\{C_1, C_2, \cdots, C_r\}$ から，別の "基本サイクル" $\{C_1', C_2', \cdots, C_r'\}$ にうつったのである．

　新しい基本サイクル $C_1', C_2', \cdots, C_r'$ の間の交点数は，もとの交点行列 A と分配法則を使って 4 章のように計算できる．

　線形代数学の教えるところによれば，係数 $a_1, a_2, \cdots, b_1, b_2, \cdots, d_1, d_2, \cdots$ をうまく選ぶことによって，新しい基本サイクル $\{C_1', C_2', \cdots, C_r'\}$ に関する交点行列が対角行列になるようにできる．（これは，はじめの交点行列 A が対称行列のとき，つまり多様体の次元が 4 の倍数のときに可能なのである.）これが，交点行列 A の対角化である．

　具体例で考えてみよう．$S^k \times S^k$ （k：偶数）の交点行列は

$$\begin{pmatrix} 0 & 1 \\ 1 & 0 \end{pmatrix}$$

であった ($C_1 \cdot C_1 = 0$, $C_1 \cdot C_2 = C_2 \cdot C_1 = 1$, $C_2 \cdot C_2 = 0$). この行列を対角化してみよう. この場合は簡単で,

$$C_1' = C_1 + C_2, \quad C_2' = C_1 - C_2$$

とおけば対角化できる. 実際に, 分配法則を使って計算すると

$$\begin{aligned}
C_1' \cdot C_1' &= (C_1 + C_2) \cdot (C_1 + C_2) \\
&= C_1 \cdot C_1 + C_1 \cdot C_2 + C_2 \cdot C_1 + C_2 \cdot C_2 \\
&= 0 + 1 + 1 + 0 \\
&= 2.
\end{aligned}$$

同様に,

$$C_2' \cdot C_2' = -2, \quad C_1' \cdot C_2' = 0, \quad C_2' \cdot C_1' = 0$$

となり, 新しい交点行列は対角行列

$$\begin{pmatrix} 2 & 0 \\ 0 & -2 \end{pmatrix}$$

になる. 対角成分には, プラス, マイナスの対角成分が1個ずつある. よってこの場合の指数は $1 - 1 = 0$ である. 結局, $S^k \times S^k$ の交点行列 $\begin{pmatrix} 0 & 1 \\ 1 & 0 \end{pmatrix}$ の指数は 0 であることがわかった.

4 の倍数次元の多様体 M から出発し, 交点行列を対角化して指数を計算したが, この指数は, 交点行列を求めるときに使った基本サイクルの取り方や, 交点行列の対角化の仕方などに無関係に, もとの多様体 M だけで決まることが証明できる. これを, 多様体 M の**指数**とよぶ. たとえば, 上の計算によって, $S^k \times S^k$ の指数は 0 である.

多様体の指数は, 4 の倍数次元の多様体についてしか定義されないが, オイラー標数と並ぶ重要な位相不変量である. (オイラー標数よりももう一段深い位相不変量である.)

ヒルツェブルフの指数定理は, M の指数を M の**特性数**とよばれる不変量を用いて計算する公式である. ここで特性数を説明する余裕はないが, 特性数の最も簡単な例がオイラー標数であることを言っておこう.

　ヒルツェブルフの指数定理を一般の形で述べることができないので，特別の場合に指数定理から導かれる帰結を述べることにする．そのために，もうひとつだけ新しい概念を導入しなければならない．**平行性をもつ多様体**という概念である．

定義　n 次元多様体 M^n が**平行性をもつ**とは，M^n 上に特異点のない n 個のベクトル場 $X_1, X_2, \cdots, X_n$ がとれて，M^n の各点 p で $X_1, X_2, \cdots, X_n$ の矢印（ベクトル）が一次独立になるようにすることができることをいう．

　ただし，n 本のベクトルが一次独立とは，それらが $(n-1)$ 次元空間に入っていないことである．たとえば，3 本のベクトルが一次独立とは，それらが一平面上にないことであり（図 5.3），2 本のベクトルが一次独立とは，それらが一直線上にないことである．

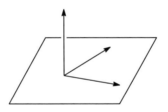

図 5.3　一次独立な 3 本のベクトル

　n 次元数空間 $\mathbb{R}^n$ は平行性をもつ多様体の例である．実際，$(x_1, x_2, \cdots, x_n)$ を $\mathbb{R}^n$ の座標として，$\mathbb{R}^n$ の各点で x_1 方向の長さ 1 の矢印を描いたベクトル場を X_1 とし，各点で x_2 方向の長さ 1 の矢印を描いたベクトル場を X_2 とし，以下同様に $X_3, \cdots, X_n$ を定めれば，$X_1, X_2, \cdots, X_n$ という n 個のベクトル場は定義の条件を満たしている（図 5.4）．

　また，1 次元球面 S^1（＝円周）は平行性をもつ 1 次元多様体である．実際，S^1 上には，特異点のないベクトル場が 1 本ある（この場合 $n = 1$．図 5.5 参照）．

　4 章で示したように，偶数次元の球面上には特異点のないベクトル場は存在しない．偶数次元の球面は平行性をもたないのである．

　ちなみに，奇数次元の球面には特異点のないベクトル場が少なくともひとつあるが，奇数次元球面 S^n が平行性をもつのは，$n = 1, 3, 7$ の次元に限ることが証明されている．

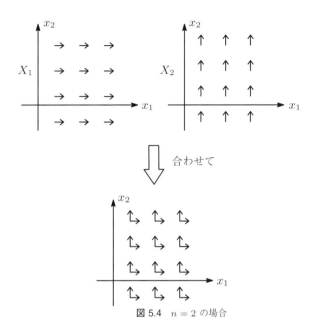

図 5.4 $n = 2$ の場合

さて，2 次元球面 S^2 から円板をくり抜いてみよう．次ページの図 5.6 からわかるように，残りの部分をなめらかに変形すると，やはり円板になる．前に導入した言葉を使うと，残りの部分は円板に微分同相である．

円板は平面 $\mathbb{R}^2$ の一部分と考えられるから，その上に一次独立な 2 本のベクトル場 X_1, X_2 がある．すなわち，円板は平行性をもつ．

このように，2 次元球面 S^2 それ自身には平行性がないが，そこから円板をくり抜くと残りの部分（＝円板）には平行性があるわけである．このような多様体

図 5.5

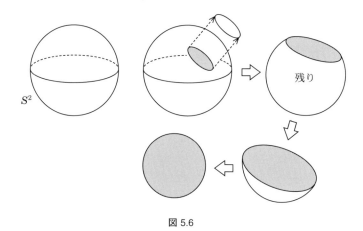

図 5.6

を，**概平行性をもつ多様体**という．

　一般に，$\mathbb{R}^n$ の，原点からの距離が 1 以下の点全体のつくる図形を n **次元円板**という．記号で D^n と書く．D^n の "表面" は原点からの距離がちょうど 1 であるような点の全体である．したがって，D^n の表面は $(n-1)$ 次元球面 S^{n-1} になっている．2 次元円板（通常の円板）D^2 のふちが 1 次元球面（円周）S^1 になっているのと同じことである．

　一般次元での概平行性の定義は，次のとおりである．

定義　n 次元多様体 M^n から n 次元円板 D^n をくり抜いた残りの部分が平行性をもつとき，M^n は**概平行性をもつ**という．（たとえば，任意次元の球面 S^n は概平行性をもっている．）

　これで，ようやく指数定理が述べられる段階になった．

指数定理（の帰結）　M を 4 の倍数次元の，閉じた，向きづけられた多様体とする．そして，M は概平行性をもつと仮定する．このとき

　　M の次元 $n = 8$ なら，M の指数は 7 で割り切れる．

　　　　　　$n = 12$ なら，M の指数は 62 で割り切れる．

　　　　　　$n = 16$ なら，M の指数は 127 で割り切れる．

　　　　　　$n = 20$ なら，M の指数は 146 で割り切れる．

　以下，同様の命題が無限に続く．

注意 上の "定理" をもっと一般的な形で格好よく述べてみよう.

M を上の定理と同じ仮定を満たす多様体とし，次元 $n = 4k$ とする．このとき，M の指数は，

$$\frac{2^{2k}(2^{2k-1} - 1)}{(2k)!} B_k$$

を既約分数に直したときの分子で割り切れる．ここに B_k $(k \geq 1)$ はベルヌーイ数とよばれる有理数で，次のようなテイラー展開の係数として得られる数である：

$$\frac{x}{1 - e^{-x}} = 1 + \frac{1}{2}x + \sum_{k=1}^{\infty} (-1)^{k-1} \frac{B_k}{(2k)!} x^{2k}.$$

ベルヌーイ数のはじめのいくつかを書くと，$B_1 = \dfrac{1}{6}, B_2 = \dfrac{1}{30}$, $B_3 = \dfrac{1}{42}$, $B_4 = \dfrac{1}{30}, B_5 = \dfrac{5}{66}, \cdots$ である.

ベルヌーイ数などという意外なものが顔をだすところに，ヒルツェブルフの定理の深さが感じられる.

●ミルナーの方法

普通の円板にはふちがあり，そのふちは円周になっている．円板のようにふちのある曲面を**境界をもつ曲面**といい，ふちのことをその**境界**とよぶ.

一般の次元においても，n 次元円板のように，$(n-1)$ 次元の "表面" をもつ多様体を**境界をもつ多様体**とよび，"表面" になっている $(n-1)$ 次元多様体をその**境界**という.

D^n （n 次元円板）は境界をもつ n 次元多様体で，その境界は S^{n-1} （$(n-1)$ 次元球面）である.

また，中身のつまったドーナツ（図5.7）は境界をもつ 3 次元多様体で，その境界（＝表面）はトーラス T^2 である.

さて，エキゾチック球面を判定するミルナーの方法を説明しよう．（これは，ミルナーのもとの方法を，本質的なところはそのままにして修正したものである．）

ミルナーは，ある方法で 7 次元多様体 Σ^7 を構成し，それが通常の 7 次元球面 S^7 と位相同形であることを証明した．ここまでは認めることにする．問題は，Σ^7 が S^7 と微分同相でないことをどうやって示したか，ということにある.

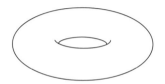

図 5.7　中身がつまっているとする

　ミルナーの構成した Σ^7 は複数個あるが，その中に次の条件 $(*)$ を満たす Σ^7 がある．この Σ^7 について，$\Sigma^7 \neq S^7$ を証明しよう．

$(*)$　Σ^7 は，ある向きづけられた（境界をもつ）8 次元多様体 M^8 の境界になっている．そして，M^8 は平行性をもち，しかも適当な 4 次元基本サイクルによる M^8 の交点行列は次のような 8 行 8 列の行列になる．（この M^8 の基本サイクルの個数は 8 なのである．）

$$
\begin{pmatrix}
2 & & & 1 & & & & \\
 & 2 & 1 & & & & & \\
 & 1 & 2 & 1 & & & & \\
1 & & 1 & 2 & 1 & & & \\
 & & & 1 & 2 & 1 & & \\
 & & & & 1 & 2 & 1 & \\
 & & & & & 1 & 2 & 1 \\
 & & & & & & 1 & 2
\end{pmatrix}
$$

　　（何も書いてない所は 0．なお，この行列は，リー群の分類に
　　　現れる E_8 型のディンキン図形から導かれる．）

　この行列を対角化してみると，対角成分はすべてプラスの数であることがわかる．したがって，この行列の指数は 8 である．

　これだけの事実から，背理法で $\Sigma^7 \neq S^7$ がいえる．Σ^7 と S^7 が微分同相と仮定すると，次のようにして矛盾がでるのである．

　Σ^7 と S^7 が微分同相であるとすると，Σ^7 と S^7 は微分構造も込めて同一視できる．S^7 は，8 次元円板 D^8 の境界であった．したがって，この同一視を通じて，M^8 と D^8 を境界にそって貼り合わせることができるはずである（図 5.8 を見てください）．

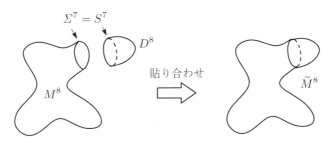

図 5.8

　得られた 8 次元多様体を $\widetilde{M}^8$ としよう．$\widetilde{M}^8$ には，もはや境界はなく，閉じた，向きづけられた多様体である．しかも，$\widetilde{M}^8$ から円板 D^8 をくり抜くと，もとの M^8 にもどるが，M^8 には平行性があった(条件 (*))．したがって，$\widetilde{M}^8$ には概平行性がある．

　$\widetilde{M}^8$ の交点行列はもとの M^8 の中の 4 次元基本サイクルを使って計算することができて，その行列は，すでにみたように，指数 8 をもつ．

　こうして，概平行性をもち，かつ，指数が 8 の閉じた 8 次元多様体 $\widetilde{M}^8$ が構成された．しかし，これは，ヒルツェブルフの指数定理 "概平行性をもつ閉じた 8 次元多様体の指数は 7 で割り切れる" に矛盾してしまう．この矛盾は，$\Sigma^7 = S^7$ と仮定したことから生じたのである．

　したがって，Σ^7 は S^7 と微分同相ではない．

　以上が，ミルナーの方法の要点である．

●4 次元多様体の特異性

　ここで，一気に現代の話題を紹介しよう．

　すでに前々から，4 次元多様体には何か変わったところがあるということが，V. A. ロホリンによって気づかれていた(1952 年のロホリンの定理)．そして，カービー (R. Kirby, 1938–) とジーベンマン (L. Siebenman, 1939–) は，4 次元多様体に関するロホリンの定理が，高次元位相多様体の三角形分割問題や基本予想などの重要な問題に深いかかわりをもつことを明らかにした(1969 年)．

ロホリン
(V. A. Rokhlin, 1919–84)

　4 次元多様体の基本定理のひとつ「ロホリンの定理」の発見者. ロホリンに捧げるべく, 1986 年にビルクホイザー社から『失われたトポロジーを求めて』(A la Recherche de la Topologie perdue)という本が出版されたが, そこに出ているロホリン小伝によれば, モスクワ大学卒業後, 第 2 次大戦中にドイツ軍がソヴィエトを攻撃したとき, 志願兵として戦い, 包囲されてドイツ軍の捕虜になったそうだ. それから逃げ出し, ソヴィエト軍に合流し, ドイツ語の翻訳係として終戦を迎えたという. いろいろなところで教えたあと, 1960 年にレニングラード大学の数学力学科の教授となり, 21 年間その職にあった. レニングラードにトポロジーを流行らせたのはロホリンであった. ロホリンはトポロジーばかりでなく, 実代数幾何やエルゴード理論でもすぐれた仕事をした.

　『失われた …』に掲載されているロホリンの写真では, がっしりとした気さくな感じのおじさんが紅茶のカップを前にして坐っている.

——このあたりの事情については, 拙著『[新版] 4 次元のトポロジー』(日本評論社) を見てください. なお, その本で未解決とされていた問題は, 今日ほとんど解かれています——.

　このように, 4 次元多様体論は多様体のトポロジー全体のなかで特異な位置を占めている. 4 次元多様体の奇妙さは, S. ドナルドソンの定理によってますますはっきりした.

ドナルドソンの定理 (1982 年)　M^4 を, 閉じた, 向きづけられた**単連結** 4 次元多様体とする. もし, M^4 のすべての 2 次元サイクル C について, その自己交点数 $C \cdot C$ が 0 以上であれば, 適当な 2 次元の基本サイクル $C_1, C_2, \cdots, C_r$ を選んで, M^4 の交点行列を次のような単位行列

ドナルドソン

(S. K. Donaldson, 1958–)

　イギリスの大数学者アティヤ（M. F. Atiyah）
の弟子．4 次元多様体論に初めてゲージ理論を
持ち込んだことで有名．その業績により，1986
年のフィールズ賞を受けた．28 歳のときである．
すぐにオックスフォードの教授となり，あまりに若い教授の誕生だったの
で，当時のマスコミをにぎわせた．

$$
\begin{pmatrix}
1 & & & O \\
 & 1 & & \\
 & & \ddots & \\
O & & & 1
\end{pmatrix}
$$

にできる．（M^4 が単連結とは，その中の任意のループが M の中で少しずつ連
続変形すると，1 点に縮んでしまうことです．なお，1982 年の論文で仮定された
単連結性は，その後の研究により不必要であることがわかっています．）

　この定理がどのくらい異常な事実を言っているのかは，この定理と，"フリー
ドマンの定理"（1981 年）とを合わせて，次の系が得られることからわかる．

系　4 次元のエキゾチックな $\mathbb{R}^4$ が存在する！

　すなわち，4 次元数空間 $\mathbb{R}^4$ と位相同形であって，$\mathbb{R}^4$ と微分同相にならない 4
次元多様体 W^4 が存在するというのである．

　4 次元以外では，$\mathbb{R}^n$ に位相同形な多様体は $\mathbb{R}^n$ に微分同相になることがすで
にわかっている．したがって，エキゾチックな $\mathbb{R}^4$ は 4 次元にしか存在しない．
（なお，エキゾチックな $\mathbb{R}^4$ については，「付録 2」でもう少し詳しく解説してお
きました．）

　ドナルドソンは，彼の定理をどうやって証明したのかというと，理論物理学に出てくる**ヤン–ミルズ場**を使ったのである！　ヤン–ミルズ場の理論は，4 次元という次元にまさにぴったりの理論だったのである．

　ドナルドソンの発見を契機として，4 次元多様体論は堰を切ったように進み始めた．その流れは今日にも続いている．

●**画像の出典**

p.57　ミルナー　https://en.wikipedia.org/wiki/John_Milnor

p.60　ヒルツェブルフ　https://en.wikipedia.org/wiki/Friedrich_Hirzebruch

p.70　ロホリン　https://en.wikipedia.org/wiki/Vladimir_Abramovich_Rokhlin

p.71　ドナルドソン　https://en.wikipedia.org/wiki/Simon_Donaldson

第6章

ベクトル束と特性類

　前章では簡単に触れただけだったが，ヒルツェブルフの指数定理に出てくる "特性数" について，少し説明があった方がよいように思われるので，以下に簡単に補足することにする．特性数の説明の前にベクトル束と特性類について触れておかねばならない．

●ベクトル束

　ある空間 X の各点 p の上に 1 つずつベクトル空間 V_p が乗っている状況を考える．X 上にズラーッとベクトル空間が並んだような状況である．ベクトル空間 V_p の次元は点 p によらず一定で，しかも，点 p と点 q が近くの点であれば，その上に乗っているベクトル空間 V_p と V_q の間には，ベクトル空間の同型が p と q に連続的に依存するように与えられているとする．このような状況をひとつの対象と思って，空間 X 上の**ベクトル束**（または，**ベクトル・バンドル**）とよぶ．そして，ひとつの文字，たとえば ξ で表す．点 p の上に乗っているベクトル空間 V_p を，ベクトル束 ξ の "点 p 上のファイバー" という．

　ベクトル束の例に，なめらかな多様体 M の**接ベクトル束** τ_M がある．これは，M の各点 p において，M の**接空間** T_p（すなわち，点 p で M に接する接ベクトル全体のなすベクトル空間）を考え，p の上に T_p が乗っていると考えたものである．接ベクトル束 τ_M では，点 p 上のファイバーは接空間 T_p である．

　M が 1 次元の曲線の場合は，曲線 M の各点で M の接線を考えて，それらを曲線 M にそって全部並べてみせたようなものが，M の接ベクトル束である．接

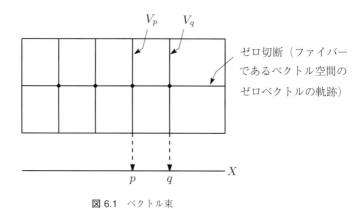

図 6.1　ベクトル束

　線は曲線の "1 次近似" のようなものであるから，多様体 M の接ベクトル束 τ_M は M の 1 次近似だと思ってよい．接ベクトル束は微分トポロジーで大切な役割を果たすが，接ベクトル束が多様体の形の 1 次近似であることを考えれば，それも当然なことであろう．

　接空間を並べたものが接ベクトル束だと言われても，はじめのうちは気分的に納得しがたいものがあると思う．たとえば，目の前におかれた曲面の場合などを想像すると，曲面 M の点 p における接平面 T_p は別の点 q における接平面 T_q と，多くの場合，交わってしまう．これでは，各点で接空間を考えてそれを全部並べるとすると，かなり複雑な図形になってしまうのではないかと思われるかもしれない．しかし，それは一種の錯覚である．曲面 M の入っている空間（たとえば今，われわれがいる 3 次元空間）の中で，"接平面をわかりやすく図解するために"，曲面 M とその接平面 T_p, T_q をいっしょに描いてしまったために，T_p と T_q が交わってしまうのである．しかし，本来，接平面と曲面とは概念的に違うもので，いわば，"存在のレベル" が違うのである．曲面の接ベクトルは，曲面上に適当に描いた曲線の速度ベクトルとも思えるわけであるが，走っている自動車とその速度ベクトルのことを想像してもわかるように，速度ベクトルは自動車のような物質的存在でなく，もっと "理論的存在" である．速度ベクトルは自動車の速度を理論的に表すものであるから，それ自身は自動車の属する物質世界には属していない．だから，ある自動車の速度ベクトルと，隣を走っている別の自動車の速度ベクトルがぶつかるかもしれない，などと心配する人は誰もいな

い．同様に，接ベクトルの集まりとしての接空間も，理論的にいえば，互いに異なる2点，p と q，における接ベクトル（違う自動車の速度ベクトル）が一致したり交わったりすることはありえず，T_p と T_q が交わることは理論的にはありえないわけである．

●特性類

一般に，特性類というのは，空間 X 上のベクトル束 ξ が与えられたとき，X 上にズラーッと並んだベクトル空間たち（すなわち，ξ のファイバーたち）の並び方の"ねじれ具合"を記述するものである．つまり，ξ のファイバーたち $\{V_p\}$ は，X 上に"おとなしく"並んでいると決まっているわけではなく，p が X 上を動くと，それにつれて V_p も少しずつ回転するかもしれない．ξ のファイバーたちは全体としてねじれているわけである．このねじれ具合を記述するのが**特性類**で，X の"コホモロジー群"とよばれる可換群の要素になっている．（念のため，群 G が**可換群**であるとは，G の任意の2元 a, b について $a \cdot b = b \cdot a$ がなりたつことである．可換群では $a \cdot b$ のことを $a + b$ と書くことが多い．可換群は**アーベル群**または**加群**ともよばれる．）

これまでに多様体 M の中の k 次元サイクルというものをしばしば考えた．ある空間 X の中の k 次元サイクルの全体のつくる可換群のことを X の k **次元ホモロジー群**とよび，

$$H_k(X)$$

という記号で表す．（本当は，サイクル全体のつくる可換群に，"境界サイクル"を使って同値関係を入れ，それによる同値類の全体のつくる可換群がホモロジー群なのだが，正確な定義はここでは省略する．）問題の**コホモロジー群**というのは，"係数群"と称する可換群 G をひとつ決めたとき，各次元 k に G を**係数群とする k 次元コホモロジー群**という群が定まるもので，記号で

$$H^k(X; G)$$

と書かれるものである．だいたい，k 次元ホモロジー群 $H_k(X)$ から G への準同型写像全体のつくる群が，G を係数群とする k 次元コホモロジー群だと思えばよい．（これも実は乱暴な説明なのだが，お許しください．）準同型写像

$$f : H_k(X) \longrightarrow G$$

は $H^k(X;G)$ の要素である．$H^k(X;G)$ の要素を k **次元コホモロジー類**とよぶ．

k 次元コホモロジー類 $f \in H^k(X;G)$ と k 次元サイクル C が与えられたとき，f の C における値（写像 f による C の像）が G の中に定まる．この値を，"対" のような記号で，

$$\langle f, C \rangle$$

と書く．

さて，特性類の代表的なものに，**シュティーフェル–ホイットニー類**，**チャーン類**，**ポントリャーギン類**の 3 つがある．

シュティーフェル–ホイットニー類というのは，X 上のベクトル束 ξ が与えられたとき，それに応じて，一連のコホモロジー類

$$w_1(\xi),\ w_2(\xi),\ \cdots,\ w_n(\xi),\ \cdots$$

を対応させるもので，$w_k(\xi)$ は $\mathbb{Z}/2$ を係数群とする k 次元コホモロジー群の要素である：

$$w_k(\xi) \in H^k(X;\mathbb{Z}/2), \quad k = 1, 2, \cdots, n, \cdots.$$

ここに，$\mathbb{Z}/2$ は 0 と 1 の 2 元からなる最も簡単な非自明群である．

シュティーフェル–ホイットニー類 $w_k(\xi)$ は任意のベクトル束 ξ について意味をもつが，チャーン類は**複素ベクトル束**についてのみ意味がある．空間 X 上の**複素ベクトル束**とは，X の各点上に複素ベクトル空間が 1 つずつ並んだものである．ξ が X 上の複素ベクトル束であれば，チャーン類は，ξ に一連の偶数次元のコホモロジー類

$$c_1(\xi),\ c_2(\xi),\ \cdots,\ c_n(\xi),\ \cdots$$

を対応させる．$c_k(\xi)$ は，整数全体のなす可換群 $\mathbb{Z}$ を係数群とする $2k$ 次元のコホモロジー群 $H^{2k}(X;\mathbb{Z})$ の要素である．

最後にポントリャーギン類であるが，これは（必ずしも複素ベクトル束でない）一般のベクトル束 ξ に，一連の，4 の倍数次元のコホモロジー類

$$p_1(\xi),\ p_2(\xi),\ \cdots,\ p_n(\xi),\ \cdots$$

を対応させるものである．$p_k(\xi)$ は $H^{4k}(X;\mathbb{Z})$ の要素である．

　ベクトル束 ξ として，多様体 M の接ベクトル束 τ_M をとった場合が特に重要である．このとき，τ_M のシュティーフェル–ホイットニー類 $w_k(\tau_M)$ のことを簡単に $w_k(M)$ と書く．同様に，τ_M のポントリャーギン類 $p_k(\tau_M)$ のことを $p_k(M)$ と書く．

　M が複素多様体であれば，M の接ベクトル束 τ_M は自然に複素ベクトル束とみなすことができて，チャーン類 $c_k(\tau_M)$ が考えられる．これを簡単に $c_k(M)$ と書く．

　特性類という名前のとおり，$w_k(M)$, $c_k(M)$, $p_k(M)$ は多様体 M の性質をよく反映するものになっている．

　たとえば，M が向きづけ可能であるための必要十分条件は，M の第 1 シュティーフェル–ホイットニー類が $H^1(M;\mathbb{Z}/2)$ の要素として 0 になることである：

$$w_1(M) = 0.$$

また，M に "スピン構造" とよばれる構造が入るための必要十分条件は

$$w_1(M) = 0 \quad \text{かつ} \quad w_2(M) = 0$$

である．

　"複素次元" が n であるような複素多様体 M は，通常の多様体としての次元が $2n$ である．そこで，複素次元 n の複素多様体 M が閉じていれば，それ自身が $2n$ 次元のサイクル（**基本サイクル**）になっているので，それを

$$[M] \in H_{2n}(M;\mathbb{Z})$$

と書くことにする．M の第 n チャーン類 $c_n(M)$ も同じく $2n$ 次元のコホモロジー類なので，コホモロジー類 $c_n(M)$ を準同型写像 $c_n(M) : H_{2n}(M) \to \mathbb{Z}$ とみたとき，$[M]$ において $c_n(M)$ のとる値が $\mathbb{Z}$ の中に定まる：

$$\langle c_n(M), [M] \rangle \in \mathbb{Z}.$$

じつは，この数 $\langle c_n(M), [M] \rangle$ は M のオイラー標数 $e(M)$ に等しいことが知られている：

$$\langle c_n(M), [M] \rangle = e(M).$$

●特性数

　上で考えた数 $\langle c_n(M), [M] \rangle$ は，これから説明しようとしている**特性数**の特別な場合になっている．

　複素次元 n の閉じた複素多様体 M の $c_n(M)$ の場合のように，ある特性類の，コホモロジー類としての次元（$c_n(M)$ については $2n$）が，たまたま多様体 M の次元（やはり $2n$）に一致しているときには，両者を "対" にして，数 $\langle c_n(M), [M] \rangle$ が考えられた．

　ある特性類の次元と多様体の次元がうまく一致することは，一般には期待できないが，コホモロジー類同士の "積" を考えると，次元を合わせることが可能となって，上と同様の対が考えられる．それについて説明しよう．

　使う事実は，コホモロジーの理論に備わった（"カップ積" とよばれる）積構造である．すなわち，

　　　k 次元コホモロジー類 f と l 次元コホモロジー類 g は掛け算す

　　ることができて，積 fg は $(k+l)$ 次元コホモロジー類になる．

という事実である．

　たとえば，複素次元 3 の閉じた複素多様体 M があるとしよう．基本サイクル $[M]$ は 6 次元である．前にみたように，$c_3(M)$ のコホモロジー類としての次元は 6 であるから $[M]$ と一致している．しかし，$c_1(M)$ の次元は 2 であり，$c_2(M)$ の次元は 4 なので，これらのチャーン類の次元は $[M]$ の次元と合わない．

　しかし，コホモロジーの積構造を利用して，積

$$c_1(M)c_2(M)$$

を考えると，この積の次元は $2+4\,(=6)$ なので，$[M]$ の次元と一致し，対をつくった値

$$\langle c_1(M)c_2(M), [M] \rangle$$

が考えられる．この値は整数である．また，$c_1(M)$ の 3 乗を考えれば，$(c_1(M))^3$ の次元も $2+2+2\,(=6)$ なので $[M]$ の次元と一致し，対をつくった値

$$\langle (c_1(M))^3, [M] \rangle$$

が考えられる．この値も整数である．これらの整数のことを**特性数**というのである．一般的に定義すると次のようになる：

定義 M を複素次元 n の閉じた複素多様体とする．何個かの自然数 $k, l, \cdots, m$ を考え，

$$k + l + \cdots + m = n$$

がなりたつとする．このとき，積 $c_k(M)c_l(M) \cdots c_m(M)$ のコホモロジー類としての次元は $2n$ になるので，基本サイクル $[M]$ の次元と一致し，対にした数

$$\langle c_k(M)c_l(M) \cdots c_m(M), [M] \rangle$$

が考えられる．この数のことを，$(k, l, \cdots, m)$ 型の**特性数**とよぶ．チャーン類から構成した特性数なので，**チャーン数**とよぶこともある．

ヒルツェブルフの指数定理に必要なのは，ポントリャーギン類から構成される**ポントリャーギン数**という特性数である．ポントリャーギン数を定義するためには，多様体は複素多様体でなくともよいが，M の次元が 4 の倍数であることを要する．ポントリャーギン類 $p_k(M)$ のコホモロジー類としての次元は $4k$ であったことを思いだしてほしい．

定義 M を $4n$ 次元の向きづけられた閉じた多様体とする．何個かの自然数 $k, l, \cdots, m$ を考え，

$$k + l + \cdots + m = n$$

がなりたつとする．このとき，積 $p_k(M)p_l(M) \cdots p_m(M)$ のコホモロジー類としての次元は $4n$ になるので，基本サイクル $[M]$ の次元と一致し，対にした数

$$\langle p_k(M)p_l(M) \cdots p_m(M), [M] \rangle$$

が考えられる．この数のことを，$(k, l, \cdots, m)$ 型の**ポントリャーギン数**とよぶ．

●ヒルツェブルフの指数定理

ヒルツェブルフは"L 多項式"とよばれる一連の多項式，

$$L_1(p_1), \ L_2(p_1, p_2), \ \cdots, \ L_n(p_1, p_2, \cdots, p_n), \ \cdots$$

を導入した．これらは有理数係数の多項式であり，変数

$$p_1, \ p_2, \ \cdots, \ p_n, \ \cdots$$

はポントリャーギン類を表していると考える．はじめのいくつかの L 多項式をみると，

$$L_1(p_1) = \frac{1}{3}p_1,$$

$$L_2(p_1, p_2) = \frac{1}{45}(7p_2 - p_1^2),$$

$$L_3(p_1, p_2, p_3) = \frac{1}{945}(62p_3 - 13p_2p_1 + 2p_1^3).$$

ヒルツェブルフは一般の $L_k(p_1, p_2, \cdots, p_k)$ の計算法も与えているが，ここでは省略する．ただ，一般の $L_k(p_1, p_2, \cdots, p_k)$ における p_k の係数が，5 章に出てきた数

$$\frac{2^{2k}(2^{2k-1} - 1)}{(2k)!}B_k$$

であることを言っておこう．

　次の定理がヒルツェブルフの指数定理である．

定理　M を $4n$ 次元の向きづけられた閉じた多様体とすると，M の指数は次の式の値に等しい：

$$\langle L_n(p_1, p_2, \cdots, p_n), \ [M] \rangle.$$

　この式は少し形式的な書き方になっているが，たとえば，$4n = 4$ の場合，4 次元多様体 M の指数はポントリャーギン数を使って

$$\frac{1}{3}\langle p_1(M), \ [M] \rangle$$

で計算される，という意味である．また，$4n = 8$ の場合，8 次元多様体 M の指数はポントリャーギン数を使って

$$\frac{1}{45}(7\langle p_2(M), \ [M] \rangle - \langle p_1(M)^2, \ [M] \rangle)$$

で計算される，などの意味である．（L 多項式の定義を見てください．）これらの公式には分数が入っているが，指数は整数なので，これらの公式で計算した結果はすべて整数になる．そこがなんとも神秘的である．

　M が概平行性をもつ $4n$ 次元多様体であれば，

$$p_1(M) = 0, \quad p_2(M) = 0, \quad \cdots, \quad p_{n-1}(M) = 0$$

がなりたち，$p_n(M)$ だけが残る．このことと指数が整数であることを使うと，5章で概平行性をもつ多様体について述べた "指数定理の帰結" が証明できる．考えてみてほしい．（なお，指数のことを**符号数**ということもある．）

第 7 章

その後の発展

1980 年代以降 4 次元多様体論は大きく発展した．また，3 次元多様体論でも大きな進展があった．これらの動きのなかから代表的な結果を選んで紹介しよう．

ドナルドソンは 4 次元多様体論に初めて "ゲージ理論" を持ち込んで，それまでの研究の流れを一新してしまった（1982 年）．ドナルドソンの使ったゲージ理論は，$SU(2)$ という非可換なリー群を構造群とするもので，非可換ゆえに扱いが難しいところがあった．1994 年にサイバーグ（N. Seiberg, 1956– ）とウィッテン（E. Witten, 1951– ）は，$U(1)$ というごくやさしい可換なリー群を構造群としてもつゲージ理論を使って，"サイバーグ–ウィッテン方程式" とよばれる方程式を定式化し，その解空間に 4 次元多様体の情報が入っていることを主張した．物理の要請に従えば，ドナルドソン理論とサイバーグ–ウィッテン理論は等価な理論であるという．しかし，（筆者の理解するところでは）その等価性は数学的には証明されていないようである．数学的な証明がなくとも，サイバーグ–ウィッテン理論を使って 4 次元多様体についての新しい結果が続々と得られているので，サイバーグ–ウィッテン理論がドナルドソン理論と同程度の深さをもつ理論であることは間違いないであろう．しかも，構造群がやさしいので，今ではドナルドソン理論よりサイバーグ–ウィッテン理論を使う研究者の方が多い．

サイバーグ–ウィッテン理論の目覚しい応用として，古田幹雄氏による "$\dfrac{5}{4}$ 定理" の証明がある．古田氏はサイバーグ–ウィッテン理論を応用して（というか，より精密化して）次の定理を証明した（1995 年）：

定理　スピン構造をもつ 4 次元の閉じた多様体 M について，もしその第 2 ベッチ数がゼロでなければ，次の不等式がなりたつ：

$$b_2(M) \geqq \frac{5}{4}|M \text{ の指数}| + 2.$$

ここに，左辺は M の第 2 ベッチ数で，右辺第 1 項は M の指数の絶対値である．

　6 章の特性類のところで述べたように，M がスピン構造をもつことと，M の第 1，第 2 シュティーフェル–ホイットニー類がゼロになることとは同値である：

$$w_1(M) = 0, \quad w_2(M) = 0.$$

古田の不等式の等号がなりたつ例に，$K3$ 曲面 M がある．$K3$ 曲面は "曲面" といっても "複素曲面"（複素数の意味で 2 次元）なので，通常の多様体の意味では 4 次元である．$K3$ 曲面 M はスピン構造をもち，しかも

$$b_2(M) = 22, \quad \text{指数} = -16$$

なので，古田の $\frac{5}{4}$ 定理において等号がなりたつ例になっている．

　古田の定理は次の $\frac{11}{8}$ 予想とよばれる予想の "部分的解決" と考えられる：

予想　スピン構造をもつ 4 次元の閉じた多様体 M について，次の不等式がなりたつであろう：

$$b_2(M) \geqq \frac{11}{8}|M \text{ の指数}|.$$

　$K3$ 曲面は，この予想においても，等号をなりたたせる例になっている．

　なお，$\frac{11}{8}$ 予想は筆者が初めて予想したもので（1980 年ごろ），1982 年に間接的な表現で論文に発表した．この予想は現在（2021 年 8 月）も未解決である．

　5 章の中の「4 次元多様体の特異性」の節で名前だけ出した "ロホリンの定理" とは次の定理である：

定理　スピン構造をもつ 4 次元の閉じた多様体の指数は 16 で割り切れる．

　このロホリンの定理（1952 年）が 4 次元多様体の形状を制限した最初の定理である．次に現れたのが，同じく「4 次元多様体の特異性」の節で紹介したドナ

ルドソンの定理（1982 年）である．ロホリンの定理とドナルドソンの定理，そして
いま紹介した古田の定理の 3 つを "（なめらかな）4 次元多様体論の基本定理"
とよんでもよいと思う．

　なお，今では少し古くなってしまったが，1994 年までの 4 次元トポロジーの
主な結果の紹介を試みたものに，

　　松本幸夫「4 次元多様体の今と昔」，『数学』第 47 巻第 2 号，158–175，1995
　　年 4 月，

がある．（なお，そこで "ドルガチェフ曲面" とよばれている複素曲面は
"飯高–ドルガチェフ曲面" とよばれるべきであることを，諏訪立雄氏から注
意されました．諏訪氏に感謝しつつ訂正いたします．）　また，低次元トポロジー
と深くかかわるようになったゲージ理論については，次の深谷氏の書物を参照し
てください．

　　深谷賢治『ゲージ理論とトポロジー』，シュプリンガー現代数学シリーズ，
　　2012 年 8 月．丸善出版．

●3 次元ポアンカレ予想

　ある空間 X が**単連結**であるとは，その空間の中に任意の閉曲線（ループ）を
描くと，ループという性質を保ったまま，その空間の中で連続的に 1 点に縮めら
れることをいう．たとえば，2 次元球面は単連結であり，閉曲面の中で単連結な
ものは球面しかない．

　ポアンカレは 1904 年に，同様なことを 3 次元多様体で考えたらどうなるか，
という問題をだした．これが有名なポアンカレ予想である．

予想　閉じた 3 次元の多様体 M が単連結ならば，M は 3 次元球面であろう．

　ポアンカレがこの予想を提起して以来 100 年間に，ミルナーによるエキゾチッ
ク球面の発見とか，高次元ポアンカレ予想の解決（スメール，1961 年），4 次
元ポアンカレ予想の解決（フリードマン，1981 年）などの成果があったものの，
本来のポアンカレ予想は未解決のままだった．クレイ数学研究所が西暦 2000 年
を記念して，ポアンカレ予想を含む 7 大問題に，一問題 100 万ドルの懸賞金を

フリードマン

（M. H. Freedman, 1951– ）

　本書ではあまり触れる機会がなかったが，4 次元多様体の位相的分類（微分構造を考えない同相類の分類）を，少なくとも単連結多様体に関しては完全に成し遂げた数学者．彼の定理によれば，単連結で向きづけられた 4 次元の閉じた位相多様体 M の同相類は，$H_2(M; \mathbb{Z})$ 上の交点形式とカービー–ジーベンマン類という特性類で分類される．とくに，4 次元ポアンカレ予想は（微分構造を考慮しなければ）正しい．彼はこの業績により，ドナルドソンとともに 1986 年のフィールズ賞を受賞した．

　フリードマンの定理（132 ページ参照）の基礎になったのが，キャッソンのハンドルとよばれる特殊な図形である．フリードマンはこの複雑な図形をとことん調べて彼の定理に達した．この定理の証明後，アメリカ東部の有名大学からも教授として招聘されたが，カリフォルニアにとどまった．カリフォルニアが好きなのだと思う．

　現在は，トポロジーよりもコンピュータの研究に力を入れているようである．

懸けたことは有名である．

　2002 年か 2003 年ごろ，この本来のポアンカレ予想がペレルマン（G. Perelman, 1966– ）というロシアの数学者によって解決されたらしいという 噂 が流れた．彼の論文はインターネットに掲示され，何人もの有能な研究者により検証された結果，どうやら正しいらしい．

　彼の方法は，1980 年代初めに，ハミルトン（R. S. Hamilton, 1943– ）により提案されたプログラム，すなわち，与えられた 3 次元多様体にまず適当なリーマン計量を入れ，それを "リッチ・フロー" と称する微分方程式を使って変形

サーストン

(William P. Thurston, 1946–2012)

　サーストンは 1970 年代の初めに，葉層構造の研究者として登場した．学位は 1972 年にカリフォルニア大学で取得したが，1976 年にはプリンストン大学の教授になっている．

　筆者が 1976 年から 1978 年にかけてプリンストンの研究所に滞在していたとき，近くのプリンストン大学でサーストンの講義が始まり，それを聴講しに行った．3 次元多様体に双曲構造を入れることを目的とした講義だったが，「非ユークリッド幾何」の話に少し戸惑ったことを覚えている．非ユークリッド幾何は，もう終わった昔の話題のような気がしたからである．それでも，サーストンは当時すでにスターだったので，講義で毎回配られるプリントをもらって，それをせっせと日本に送った．講義は非常に直観的で，黒板に絵ばかり描いているような講義だった．はじめ数十人いた聴講者もだんだん少なくなって，10 人を切ってしまったような気がする．私もほとんど落ちこぼれ状態だったが，プリント目当てに最後まで出席した．

　なかなか親しみやすい人柄であったと思う．ミルナー家のホームパーティーでサーストンに会ったとき，アメリカでは誰でもファーストネームで呼び合うが，「あなたみたいなエライ人をファーストネームで呼ぶのはちょっと気が引けますね」というようなことを言ったら，「どうぞどうぞ，ビルと呼んでください」と言われたのを覚えている．大学の講義にも，まだ生まれてまもない自分の子どもを背負ってきて，講義のあいだ中，黒板の隅のあたりに背負ってきた台ごと寝かせていた．この子どもが後に，数学者のサーストンジュニアになったのではないかと思う．

　研究所の食堂で，サーストンとミルナーが 8 の字結び目の絵などを紙に描いて何やら議論している姿をときどき見かけた．サーストンの講義が何かの都合で休講になったとき，ミルナーがその代講をしたのには驚いた．このときのミルナーの講義は非ユークリッド幾何に関するもので，サーストンの話よりはずっと分かりよかった．内容は後でブレティン オヴ ザ ア

メリカン マセマティカル ソサィアティ（*Bull. A. M. S*）vol. 6（1982），9–24 に出版されたもの（Hyperbolic Geometry : The First 150 YEARS）に近かったと思う．当時研究所にいた研究者たちの噂話では，ミルナーはサーストンをものすごく買っていて，「自分はサーストンの助手みたいなものだ」とか言ったとかいうが，真偽のほどは明らかではない．

　サーストンは，1970 年代末から 80 年代の初めにかけて，ハーケン多様体という 3 次元多様体（「ほとんどの」3 次元多様体はハーケンである）には双曲構造が入るという「怪物定理」を宣言し，それを証明する巨大なプログラムを公表した．そしてその多くの部分に証明をつけた．さらに，どんな 3 次元多様体も球面とトーラスで分解すれば，双曲構造を含む 8 種類の幾何構造をもつ部分に分割できるという「幾何化予想」を提出し，それまでの 3 次元多様体論を一変させた．この業績に対し，1982 年のフィールズ賞が贈られた．なお，これも噂話だが，「自分の予想に較べれば，ポアンカレ予想などチープな予想だ」とサーストンが言ったとかいう話もある．

　幾何化予想は，R. ハミルトン（1943– ）が 1982 年に提唱した「リッチ・フロー」の方法を用いて，G. ペレルマン（1966– ）によって証明された（2002/3）．系として，3 次元ポアンカレ予想が 100 年ぶりに解決された．

　リッチ・フローによる方法は，サーストンの証明プログラムとはまったく別の方法であったが，結果として，サーストンの予想はすべて正しかったことになる．サーストンの直観力には恐るべきものがあった．

していくと，ついには好適な計量になるであろう，というプログラムを完全に遂行したものであった．ペレルマンはこの方法により，サーストン（W. P. Thurston, 1946–2012）の "幾何化予想" という，ポアンカレ予想を含む大予想も同時に解決してしまった．

　2006 年夏にマドリードで開かれた国際数学者会議においてペレルマンにフィールズ賞が授与されることになったが，なぜか当人が受賞を拒否してしまった．そ

の理由は明らかでない.

　筆者は自分自身でペレルマンの論文を詳しく検討したわけではないので，ペレルマンの仕事についてあまり語る資格がない．興味ある読者は，次の本が参考になると思う.

　　戸田正人,『3次元リッチフローと幾何学的トポロジー（共立講座 数学の輝き）』，共立出版.

●画像の出典
p.86　フリードマン　https://en.wikipedia.org/wiki/Michael_Freedman
p.87　サーストン　https://en.wikipedia.org/wiki/William_Thurston

「余次元2のトポロジー」から「4次元のトポロジー」へ

　多様体 W とその部分多様体 M があるとき，W の次元 $\dim W$ と M の次元 $\dim M$ の差

$$\dim W - \dim M$$

のことを**余次元**（codimension）という．これを拡張して，M が必ずしも W の部分多様体でない場合にも，W と M の次元差 $\dim W - \dim M$ を余次元ということがある．2つの多様体が関係するトポロジーの話題では，余次元が3以上の場合と余次元が2の場合とでは，かなり様相が異なる場合が多い．

　たとえば，円周 S^1（1次元の球面！）を3次元球面 S^3 に埋め込むといろいろな結び目ができるが，4次元以上の球面 S^n（$n \geq 4$）に埋め込んでも結び目はできない．皆ほどけてしまう．円周の次元1と3次元球面の次元3の差は2なので，円周を球面に埋め込んで結び目ができるのは「余次元2」に特有の現象ということになる．（これに関して付録3を参照してください．）

　私がトポロジーの研究を始めたのはもう半世紀も前になるが，そのころからずっと余次元2の現象に興味を持ってきた．今回，この本『トポロジーへの誘い』が日本評論社から出版されることになったのを機会に，余次元2のトポロジーについて書き加えさせていただくことにした．少し個人的な話にもなるが，余次元2のトポロジーから4次元のトポロジーの研究に向かうきっかけになった「ある発見」についても紹介したい．前半は半世紀前の思い出話だが，その頃考えた問題が，21世紀に開発された理論を使って，最近思いがけず解決されたので，後半

ではそれにも触れてみたい.

　余次元 2 のトポロジーの面白さを教えてくれたのは, 現在九州大学名誉教授の加藤十吉氏である. 私は 1967 年に東京大学理学部の数学科を卒業して, 67 年から 69 年までの 2 年間大学院の修士課程で研究した. 加藤さんは, 私と 2 つしか歳が違わなかったが, すでに東京都立大学の数学科の助手（今でいう助教）を務めていた. 早稲田大学を卒業するときの加藤さんの卒業論文は「プレバンドルの理論」（この ∞ 章末の参考文献 [11]）だが, それは三角形分割の構造をもつ「組み合わせ多様体」の世界（PL トポロジー）において, 微分可能な多様体の世界（微分トポロジー）におけるファイバーバンドルと本質的に同じ役割を果たすものだった. しかも, ほぼ同時に現れた C. P. ルークと B. J. サンダーソンのアナルス論文「ブロックバンドルの理論」[32] と等価だった. 加藤さんは学部を卒業して大学院に入る前に独力でこのような結果に到達してしまったわけで, 我々にとって眩しい先輩だった.

　都立大学は今は京王相模原線の南大沢に移転してしまっているが, 当時は, 東横線の都立大学駅の近くに（本当に）あったのである. 大学院生だった私は, 都立大学の加藤さんの研究室に通って PL トポロジーを教えてもらった. そして, 加藤さんの論文 [12],[13] 等を読んで, 余次元 2 のトポロジーに引き付けられていった.

　ここで比較のため, 時間を少しさかのぼることになるが, 我々より前の数学者によって得られていた余次元が 3 以上の結果を紹介しよう.

●余次元 ≧ 3 の結果

　余次元が 3 以上の場合の典型的な結果として, ブラウダー–キャッソン–サリバン–ヘフリガー–ウォールの定理（BCSHW の定理）という長い名前の定理がある.（C. T. C. ウォールの本 [35], §11.3.4 参照.）

定理 1（BCSHW の定理） M を向き付け可能で閉じた m 次元 PL 多様体, W をコンパクトな n 次元 PL 多様体で, 余次元 $n-m$ は 3 以上であるとする.（すなわち, $n \geqq m+3$.）このとき, $f: M \to W$ というホモトピー同値写像があれば, f は PL 埋め込み写像にホモトピックである.

　ここで, 2 つの閉じた多様体の次元が異なっていれば, それらがホモトピー同

値になるはずはないから，多様体 W が<u>閉じた多様体</u> M とホモトピー同値になっていて，しかも W の次元のほうが M の次元より高いとすると，W には必ず境界 ∂W がある．気分的には，$W = M \times D^q$，すなわち，W は多様体 M と q 次元円板 D^q（$q \geqq 3$）の直積という感じである．もちろん，本当に $W = M \times D^q$ であれば，M は W の「心棒」$M \times \{0\}$ に埋め込めるので，上の定理は当たり前になってしまうが，上の定理の肝は，W がホモトピーを介して $M \times D^q$ のような感じになっていれば（より一般的には，M 上の D^q をファイバーとするファイバーバンドルのように感じになっていれば），実際に W の中に M が埋め込めてしまうというところにある．ウォール以外の 4 人（W. ブラウダー，A. キャッソン，D. サリヴァン，A. ヘフリガー）は M と W が単連結の場合にこの定理を証明したが（1966 年ごろ），ウォールは自分の開発した「非単連結多様体の手術理論」を応用して，基本群が消えていない一般の場合も含めてこの定理を証明した．

ここで，「基本群」の定義を与えておこう．空間 X が「弧状連結」であるとする．すなわち，X の任意の 2 点 p と q が X 内の連続曲線で結べるとする．そのとき，X 内に任意の点 p_0 を「基点」として固定しておいて，p_0 から出発し，p_0 に戻る任意の連続曲線 l（つまり，p_0 を基点とするループ l）を考える．このようなループたちを「連続変形で移りあうとき同じと思って分類した仲間」（ホモトピー類）$[l]$ の全体は「群」の構造をもつ．演算としては，$[l_1]$ と $[l_2]$ の積 $[l_1] \cdot [l_2]$ は，l_1 と l_2 をつないだループ $l_1 \cdot l_2$ の属するホモトピー類 $[l_1 \cdot l_2]$ と定義すればよい．この群を $\pi_1(X, p_0)$ と書いて，p_0 を基点とする X の**基本群**という．一般に基本群は可換とは限らない．X が弧状連結なら，$\pi_1(X, p_0)$ の群構造は基点 p_0 の取り方に依存しないので，基点を省略して $\pi_1(X)$ と書くこともある．X が単連結であることと，$\pi_1(X)$ が自明群であること，すなわち，$\pi_1(X) = \{1\}$ であることとは同値である．

さて，定理 1 の証明の概要は，まず，「横断正則性定理」をつかって，W の中に閉じた m 次元多様体 M' を構成し，M' から M に向かって次数が 1 の写像 $h : M' \to M$ があるようにする．そして，M' を W の「外に取り出して」手術して，はじめに与えられた M に変形し，その手術の過程全体を厚みづけたものを再び手術して，$W \times [0, 1]$ に変形する．こうすると，M が $W \times \{1\}$ に取り込まれて，

あたかも M が W の中に埋め込まれたように見える，というわけである．

　余次元 q が 3 以上であれば，m 次元部分多様体 M' の補集合 $W - M'$ の基本群 $\pi_1(W - M')$ と全体の多様体 W の基本群 $\pi_1(W)$ が同型になる．このことが効いて，上記のような技術的プロセスが進行する．余次元 2 の場合には，$W - M'$ の基本群と W の基本群は一般に一致しない．余次元が 2 のとき，M' の周りを 1 周する小さいループの代表する基本群の元 t は，準同型 $\pi_1(W - M') \to \pi_1(W)$ の核を生成するので，この準同型は一般に同型にならない．上記の定理の余次元 2 での類似を考えようとすると，この状況をどのように克服するかが課題となる．この課題に挑戦すべく，加藤さんとの共同研究が始まった．

●余次元 2 の手術理論

　1970 年には，加藤さんはアメリカのプリンストン研究所に滞在中だった．加藤さんとの共同研究といっても，当時は電子メールも何もない時代だったので，アイデアのやり取りはすべて航空便の手紙である．2, 3 週間に 1 度くらいのペースだったと思うが，加藤さんから航空便が来て（赤と青の縞模様の縁取りのある封筒が懐かしい）薄い便箋に細いペンでぎっしりとアイデアが書いてあった．私もせっせと自分のアイデアを返事に書いた．今のように，メールを出すとすぐに返事が来るようだと，なかなかアイデアをじっくり練る暇もないが，2, 3 週間に 1 度くらいが共同研究には丁度良いのではないだろうか．

　テーマに選んだのは次のような問題である．連結な有限 CW 複体 X が**形式次元 m のポアンカレ複体**であるとは，（X 自身が本当に m 次元でなくともよいが）X があたかも m 次元多様体であるかのようなポアンカレ双対性を満たすこと（$H^r(X) \cong H_{m-r}(X), r = 0, 1, \cdots, m$）である．もちろん，実際に X が m 次元の閉じた多様体だと X は形式次元 m のポアンカレ複体であるが，逆は成り立たない．ポアンカレ複体は必ずしも多様体でなくともよい．多様体のホモトピー論的なアナロジーがポアンカレ複体である．我々が考えた問題というのは，コンパクトな $m + 2$ 次元多様体 W が形式次元 m のポアンカレ複体であれば，W のなかに W とホモトピー同値な何らかの m 次元の閉じた部分多様体 M が実際に入っているか，という問題である．この問題にアタックする基本方針は，W のなかに候補となる m 次元の閉じた多様体 M' を見つけて，それを W の**内部**で整形して行く（手術する）ことである．M' は m 次元で W は $m + 2$ 次元であるの

で，**余次元 2 の手術理論**というわけである．

アメリカ滞在中の加藤さんと航空便のやり取りを通じて，W が単連結な場合に余次元 2 の手術理論が出来上がっていった．その結果，得られた定理は次のようなものである．（［14］参照.）

定理 2 コンパクトで単連結な $m+2$ 次元 PL 多様体 W が形式次元 m のポアンカレ複体であるとする．そして，$m \geq 5$ を仮定する．このとき，

（ⅰ）m が奇数であれば，W のなかに W とホモトピー同値な m 次元閉多様体 M で局所平坦なものが存在する．（局所平坦であるとは，任意の点 $p \in M$ について，W における p の近傍 U があって，対 $(U, U \cap M)$ が標準的な円板の対 (D^{m+2}, D^m) に同形になることである.）

（ⅱ）m が偶数であれば，W のなかに W とホモトピー同値な m 次元閉多様体 M で，1 点を除いて局所平坦なものが存在する．その除外点は $m+1$ 次元球面 S^{m+1} のなかの「結ばれた」$m-1$ 次元球面の錐のようになっている．

$m+2$ 次元多様体 W のなかの m 次元閉部分多様体 M が W とホモトピー同値であるとき，M を W の**スパイン**（**spine, 脊椎**）という．我々の手術理論は余次元 2 のスパインを探す手術理論であった．

ここで，定理の条件に次元の制限 $m \geq 5$ がついているのは，当時（1950 年代～1970 年代）は高次元多様体のトポロジーが高度に発達した時代だったが，その一方で 4 次元の多様体を論じるための満足すべき理論がなかったからである．

上の定理 2 ができた後，この結果を必ずしも単連結でない場合に拡張しようという私自身の努力が始まった．ウォールの手術理論[35] では，多様体の基本群 π の整係数群環 $\mathbb{Z}\pi$ 上の「非特異エルミート形式」が大切な役割を果たすが，余次元 2 の手術ではどんな代数的な対象が現れるのだろうか．そのことに興味をもった．結論的にいうと，$m+2$ 次元の多様体 W のなかの m 次元部分多様体 M に付随した準同型 $\pi_1(W-M) \to \pi_1(W)$ を簡単に $\pi \to \pi'$ と略記することにして，群環 $\mathbb{Z}\pi$ で定義された（必ずしも非特異でない）エルミート形式で，係数環を群環 $\mathbb{Z}\pi'$ に落とすと（すなわち，$t=1$ を代入すると）非特異になるようなもの，いわば，準同型 $\mathbb{Z}\pi \to \mathbb{Z}\pi'$ の上の「相対的に非特異な」エルミート形式が重要であることがわかった．

　ここで先に進むまえに，ウォールの手術理論[35] を簡単に説明しておくと，m 次元の多様体 M と形式次元 m のポアンカレ複体 X のあいだに，次数 1 の連続写像 $f : M \to X$ があるとき，M を「手術」という操作により整形して，$f : M \to X$ をホモトピー同値写像にすることが問題である．

　このとき重要になるのが群環 $\mathbb{Z}\pi$ を係数とするホモロジー群 $H_i(M; \mathbb{Z}\pi)$ である．群環 $\mathbb{Z}\pi$ というのは，群 π の有限個の元 $g_1, g_2, \cdots, g_l$ に形式的に任意の整数係数 $m_1, m_2, \cdots, m_l$ をつけて加えたもの

$$m_1 g_1 + m_2 g_2 + \cdots + m_l g_l$$

の全体である．係数 m_i がゼロのときは，$m_i g_i$ ははじめから上の和に含まれていないと考えることにすれば，上の和を簡単に $\Sigma_{g \in \pi} m_g g$ と書くことができる．

　群環 $\mathbb{Z}\pi$ の 2 元 $a = \Sigma_g m_g g$ と $b = \Sigma_g n_g g$ とを

$$a + b = \Sigma_g (m_g + n_g)g, \qquad ab = \Sigma_{g,h} m_g n_h gh$$

という規則で足したり掛けたりすることができて，$\mathbb{Z}\pi$ は環の構造をもつ．

　群 π が M の基本群のとき（$\pi = \pi_1(M)$），M の普遍被覆 $\widetilde{M}$ には群 π の作用があるので，$\widetilde{M}$ のホモロジー群 $H_i(\widetilde{M})$ にも π の作用があり，$H_i(\widetilde{M})$ は $\mathbb{Z}\pi$ を係数環としてもつホモロジー群となる．これを記号で

$$H_i(M; \mathbb{Z}\pi)$$

と書くことにする．

　多様体の次元 m が偶数 $m = 2k$ の場合，M の手術により，f に伴う $\mathbb{Z}\pi$ 係数のホモロジー群のあいだの準同型

$$f_* : H_i(M; \mathbb{Z}\pi) \to H_i(X; \mathbb{Z}\pi)$$

を $i \leqq k - 1$ の範囲で同型にすることができるが，**これを中間次元 $i = k$ までこめて同型にできれば，$f : M \to X$ はホモトピー同値写像になる**．f が「次数 1」であるという仮定から

$$f_* : H_k(M; \mathbb{Z}\pi) \to H_k(X; \mathbb{Z}\pi)$$

は自動的に '上へ' の写像となり，その核 $f_*^{-1}(0)$ を $K_k(M)$ と書くことにすると，

$K_k(M)$ は，$\mathbb{Z}\pi$ の作用を伴う加群（$\mathbb{Z}\pi$ 加群）としての $H_k(M;\mathbb{Z}\pi)$ の部分加群となる．

$K_k(M)$ には，$\widetilde{M}$ 上の k 次元サイクル同士の交点形式（付録 2 参照）に由来する双 1 次形式（すなわち，分配法則を満たす '積'）

$$(*) \qquad \lambda : K_k(M) \times K_k(M) \to \mathbb{Z}\pi$$

がきまる．これが群環 $\mathbb{Z}\pi$ 上の非特異なエルミート形式になっている．

ここで「非特異」とは，λ を $\mathbb{Z}\pi$ 係数の行列で表したときその「行列式」$\det\lambda$ が $\pm\pi$ に入ることと思えばよい．また「エルミート形式」とは

$$\lambda(y,x) = (-1)^k \overline{\lambda(x,y)}, \quad \forall x,y \in K_k(M)$$

が成り立つことと思えばよい．右辺の上付きバーは，$\mathbb{Z}\pi$ の元 $\Sigma_g m_g g$ に対して

$$\overline{\Sigma_g m_g g} = \Sigma_g m_g g^{-1}$$

を対応させる操作である．ここで重要なことは，上のエルミート形式 $(*)$ が「標準的な形」

$$\begin{pmatrix} 0 & 1 \\ (-1)^k & 0 \end{pmatrix} \oplus \begin{pmatrix} 0 & 1 \\ (-1)^k & 0 \end{pmatrix} \oplus \cdots \oplus \begin{pmatrix} 0 & 1 \\ (-1)^k & 0 \end{pmatrix}$$

に同値になれば，k 次元のところでの最後の手術が完遂できる，つまり M を整形してホモトピー同値写像 $f : M \to X$ が得られるということである．

群環 $\mathbb{Z}\pi$ を係数としてもつエルミート形式全体のつくる可換群の中で，上のような標準的な形に同値なエルミート形式をゼロとみなした可換群が，$\mathbb{Z}\pi$ を係数とするエルミート形式のヴィット群（Witt 群）であり，手術理論においてウォール群（Wall 群）と呼ばれるアーベル群

$$L_m(\pi)$$

である．結局，上のエルミート形式 $(*)$ の代表する $L_m(\pi)$ の元（この元は，はじめに与えられた写像 $f : M \to X$ で決まるので，$\eta(f)$ と書こう）が，$L_m(\pi)$ の中でゼロであれば，$f : M \to X$ を手術によってホモトピー同値写像にまで整形できるわけで，元 $\eta(f)$ は $f : M \to X$ をホモトピー同値写像に整形するため

の最後の障害と考えられる．この意味で，$\eta(f)$ を手術の障害元とよぶ．そして，障害元 $\eta(f)$ の属するアーベル群 $L_m(\pi)$ のことを手術の障害群とよぶ．

　以上は，m が偶数の場合の説明だが，m が奇数の場合はもう少し面倒な機論が必要である．ただし，幸いなことに，余次元 2 の手術理論では，偶数次元の場合だけ，ウォール理論からはみ出し，奇数次元の場合はウォールの理論に吸収されてしまう．

　このようにウォールは彼の手術を遂行するときの障害を，$\mathbb{Z}\pi$ に係数を持つ非特異エルミート形式のヴィット群から定義できるアーベル群 $L_m(\pi)$ （m は手術する多様体 M の次元）のなかの元として特定したが，余次元 2 の手術では，$\mathbb{Z}\pi \to \mathbb{Z}\pi'$ 上の相対的に非特異なエルミート形式のヴィット群から定義されるアーベル群 $P_m(\pi \to \pi')$ が障害群として現れることが分かった．「相対的に非特異なエルミート形式」というものは初めてお目にかかったし，それから定義されるアーベル群にどんな記号を与えるべきかも分からなかったが，とりあえず $P_m(\pi \to \pi')$ という記号にした．得られた結果は次のようなものである[21]．ちなみに，この論文が私の博士論文になった．

定理 3　コンパクトで $m+2$ 次元の多様体 W が形式次元 m のポアンカレ複体であるとする．そのとき，アーベル群 $P_m(\pi \to \pi')$ のなかに W から一意的に決まる元（障害元）$\eta(W)$ があって，次の性質を持つ：W の中に，閉じた局所平坦な m 次元スパイン M があるための必要十分条件は，$\eta(W) = 0$ となることである．ただし，$m \geqq 5$ とする．

　準同型 $\pi \to \pi'$ が恒等写像 $id. : \pi' \to \pi'$ なら，P 群は定義によって L 群に他ならない：$P_m(\pi' \to \pi') = L_m(\pi')$．また，$m$ が奇数の場合も定義によって，$P_m(\pi \to \pi') = L_m(\pi')$ である．計算が難しいのは，m が偶数で，$\pi \to \pi'$ に自明でない核がある場合である．

　たとえば，π が t で生成される乗法的な無限巡回群 $\langle t \rangle$ の場合を考えてみる．（ここに，$\langle t \rangle = \{\cdots, t^{-2}, t^{-1}, 1, t, t^2, t^3 \cdots\}$ で，$t^k t^l = t^{k+l}$ なので，$\langle t \rangle$ は整数全体のつくる加法的な無限巡回群 $\mathbb{Z}$ と同型：$t^k \leftrightarrow k$）．そして，π' としては自明群 $\{1\}$ をとると，

$$P_m(\langle t \rangle \to 1)$$

はJ. レヴィンによって詳しく計算された高次元の「結び目同境群」に同型にな
る[18],[21]．J. W. ミルナーやレヴィンによる結び目同境群の計算は代数的に非
常に深いものを含んでいる．一般の $P_m(\pi \to \pi')$ の計算にも代数的に未開拓な分
野が含まれているはずであるが，定義してから半世紀たっても，この群の計算は
ほとんど進んでいない．

我々の研究と前後して，アメリカでは S. E. キャペルと J. L. シャネソンとい
う二人組によって，余次元2の手術理論が精力的に進められた．（たとえば[2]．）
彼らの理論にも「相対的に非特異なエルミート形式」が現れるが，彼らのアイデ
アは我々のと少し違うので，彼らのエルミート形式は（それを群環 $\mathbb{Z}\pi$ を係数環
とする加群上の）双1次形式 $\lambda(x,y)$ と考えたとき，x と y を入れ替えると，単
純に符号が変わる：

$$\lambda(y,x) = \pm\overline{\lambda(x,y)}.$$

我々のエルミート形式では，x と y の入れ替えに際して π の中心の元 t（この
元は $\pi' \to \pi$ の核を生成する）が出てくる：

$$\lambda(y,x) = \pm t\,\overline{\lambda(x,y)}.$$

ここで，$\pm$ の符号がプラスかマイナスかは，m が4の倍数なら $+$，m が4の倍
数足す2なら $-$ である．また，$\lambda(x,y)$ は群環 $\mathbb{Z}\pi$ の元と考えられていて，前に
説明したように上の式の右辺にある上付きバー $\overline{\lambda(x,y)}$ は，$\mathbb{Z}\pi$ の元 $\Sigma_g m_g;(g \in \pi)$ に対して

$$\overline{\Sigma_g m_g g} = \Sigma_g m_g g^{-1}$$

を対応させる操作である．

彼らは，彼らの「相対的に非特異なエルミート形式」のヴィット群から決まる
アーベル群 $\Gamma_m(\pi \to \pi')$ を定義し，この群を障害群として含む余次元2の手術
理論を，それこそ「これでもかこれでもか」というほど精力的に進めた．私自身
は，ふがいないことに，彼らと競争して研究する意欲をまったくなくしてしまっ
た．ただし，私の理論構成のほうが，多少「センスがいい」のではないかと今で
も思っているが，今となってはこれは負け惜しみに聞こえるかもしれない．

後に4次元位相多様体の研究でフィールズ賞を受賞することになる M. H. フ

リードマン（第 7 章のコラム参照）が，1975 年ごろにプリンストン大学に博士論文を提出して，そのなかで我々とは少し違った問題意識で余次元 2 の手術理論を論じている[5]．彼の理論にも「相対的に非特異なエルミート形式」が現れるが，その対称性はキャペル–シャネソンのエルミート形式の対称性ではなく，我々のと同じ対称性（t が出てくるもの）であった．

　また，A. ラニツキという数学者が，ウォールの L 群，キャペル–シャネソンの Γ 群，それに我々の P 群をすべて含むように一般化した代数的枠組みを考え，精力的に研究し，大部の本をいくつも書いた（たとえば，[30]，[31]．ちなみに，[30] は 863 ページ，[31] は 658 ページ）．ただ，惜しいことに，彼は研究の途中で，2018 年に亡くなってしまった．69 歳だった．

● 4 次元のスパインレス多様体（動機）

　キャペルとシャネソンは彼らの手術理論を応用して，高次元（5 次元以上）の**スパインレス多様体**なるものがいくらでも構成できることを証明した[3]．スパインレス（spineless）という言葉を辞書で引いてみると，「無脊椎の」という意味と「いくじのない」という意味がのっている．もちろん，ここでは前者の意味で，形式次元 m のポアンカレ複体であるようなコンパクトな $m+2$ 次元多様体 W が「スパインレス多様体」であるとは，その中に W とホモトピー同値な m 次元の閉じた部分多様体 M，すなわち，W のスパイン M が（たとえ，「M は局所平坦」という条件を外したとしても）含まれていないことである．

　キャペルとシャネソンの構成したスパインレス多様体 W はみな 6 次元以上であったが，私はいわば「偶然に」4 次元のスパインレス多様体 W を発見した[22]．この発見が，「4 次元でも何か仕事ができそうだ」という個人的な励みになり，「余次元 2 のトポロジー」から「4 次元のトポロジー」に向かう契機になったと思うので，ここで，この発見の経緯について書かせていただきたい．

　この発見のきっかけになったのは，スパインレス多様体を作ろうという動機からではなく，自分の定義した P 群について「キュネト（Künneth）公式」が成り立つかどうかを知りたいという動機からだった．

　キャペルの相棒のシャネソンが，ウォール群 $L_m(\pi)$ についての「キュネト公式」

$$L_m(\langle s \rangle \times \pi) \cong L_m(\pi) \oplus L_{m-1}(\pi)$$

を証明し，1969 年にアナルス オヴ マセマティクス（*Ann. of Math.*）に発表している[33]（なお，シャネソンは無限巡回群 $\langle s \rangle$ を $\mathbb{Z}$ と書いている）．これに刺激されて，自分の導入した P 群 $P_m(\pi \to \pi')$ についても同様の公式が成り立つかどうかが気になり，かなり一生懸命考えた．つまり

$$P_m(\langle s \rangle \times (\pi \to \pi')) \overset{?}{\cong} P_m(\pi \to \pi') \oplus P_{m-1}(\pi \to \pi')$$

という公式が成り立つかどうかを考えたのである．（ここに，$\langle s \rangle \times (\pi \to \pi')$ は，$\pi \to \pi'$ を準同型 h としたとき，

$$id. \times h : \langle s \rangle \times \pi \to \langle s \rangle \times \pi'$$

の略記である．）しかし，いくら考えてもこの公式は証明できず，ひょっとして，群 $P_m(\pi \to \pi')$ についてはキュネット公式が成り立たないのではないかと思うようになった．そこで，なにか反例の候補みたいなものはないかと探した末に，B. メイザー[26] が考えた，円周（S^1）から中身の詰まったドーナツ（$S^1 \times D^2$）へのある特別な埋め込み $S^1 \to S^1 \times D^2$（図 ∞.1）を利用することを思いついた．

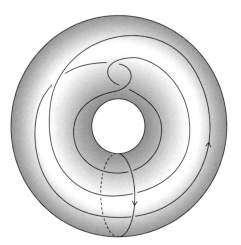

図 ∞.1 メイザーの埋め込み

メイザーは 1961 年にこの埋め込みを使ってある可縮な（つまり 1 点とホモトピー型が等しく），かつ境界が単連結でないようなコンパクト 4 次元多様体を構成したのである[26]．

　上の図 ∞.1 は少しうるさいので，やや象徴的に，次の図 ∞.2 のような絡み目で同じ埋め込み $S^1 \to S^1 \times D^2$ を表すことにする．

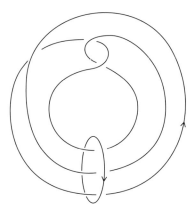

図 ∞.2　メイザーの絡み目

　古典的な結び目理論で知られた方法によって，このメイザーの絡み目の「ザイフェルト行列」を計算してみると

$$A = \begin{pmatrix} (s-1) - (s^{-1}-1)t & -s^{-1} \\ st & -1+t \end{pmatrix} \qquad (\infty.1)$$

という 2 行 2 列の行列が得られる．行列の要素は $\langle s,t\rangle$ $(=\langle s\rangle \times \langle t\rangle)$ の整係数群環 $\mathbb{Z}\langle s,t\rangle$ の元である．この行列 A の転置行列（1 行 2 列の要素と 2 行 1 列の要素を入れ替えた行列）は

$$-t\overline{A}$$

に等しいことが確かめられる．ただし，$\overline{A}$ とは，行列 A の各要素において s と s^{-1} を入れ変え，t と t^{-1} を入れ変える操作を表す．さらに，この行列 A において，$t=1$ を代入すると，

$$A|_{t=1} = \begin{pmatrix} s-s^{-1} & -s^{-1} \\ s & 0 \end{pmatrix} \qquad (\infty.2)$$

となるので，$\det A|_{t=1} = 1$ がわかる．すなわち，$t=1$ を代入すると行列 A は

非特異になる.

　こうして, この行列 A は m が 4 の倍数足す 2 のとき (すなわち, $m = 4k + 2$ のとき) の P 群

$$P_{4k+2}(\langle s \rangle \times (\langle t \rangle \to 1))$$

の中のある元 η_0 を表す「相対的に非特異なエルミート形式」になっていることがわかる.

　この元 η_0 が見つかったことで, P 群については「キュネト公式」が成り立たないことが分かった. すなわち, もし P 群についてキュネト公式が成り立てば

$$P_{4k+2}(\langle s \rangle \times (\langle t \rangle \to 1)) \cong P_{4k+2}(\langle t \rangle \to 1) \oplus P_{4k+1}(\langle t \rangle \to 1)$$

となるはずであるが, 右辺の第 2 項について

$$P_{4k+1}(\langle t \rangle \to 1) \cong L_{4k+1}(1) \cong \{0\}$$

が知られているので, 上記の元 η_0 は右辺第 1 項の群 $P_{4k+2}(\langle t \rangle \to 1)$ に属さなければならない. ところが次の補題のいうように, この元 η_0 は $P_{4k+2}(\langle t \rangle \to 1)$ にも属していない. したがって P 群についてはキュネト公式が成り立たない, というわけである.

補題 上記の元 η_0 は群 $P_{4k+2}(\langle t \rangle \to 1)$ に属さない.

(証明) もし, 行列 A で表される元 η_0 が $P_{4k+2}(\langle t \rangle \to 1)$ に属していれば, それは s に無関係になるので, 行列 A に $s = 1$ を代入した行列 $A|_{s=1}$ と $s = -1$ を代入した行列 $A|_{s=-1}$ は, $P_{4k+2}(\langle t \rangle \to 1)$ の中の同じ元 η_0 を表すはずである. ところが, 次に見るようにそうはなっていない.

$$A|_{s=1} = \begin{pmatrix} 0 & -1 \\ t & -1+t \end{pmatrix}, \quad A|_{s=-1} = \begin{pmatrix} -2+2t & 1 \\ -t & -1+t \end{pmatrix}$$

であることに注意して, 両方の行列に $t = -1$ を代入してみる. 一般に, $P_{4k+2}(\langle t \rangle \to 1)$ の元を表す行列に $t = -1$ を代入すると, 整数を要素とする対称行列が得られ, その指数 (符号数) を対応させることによって準同型

$$P_{4k+2}(\langle t \rangle \to 1) \to \mathbb{Z}$$

が得られる．これは古典的な結び目理論において村杉邦男先生により発見された**村杉符号数**と呼ばれる不変量である[27]．上の二つの行列に $t = -1$ を代入すると

$$\begin{pmatrix} 0 & -1 \\ -1 & 2 \end{pmatrix} \quad \begin{pmatrix} -4 & 1 \\ 1 & -2 \end{pmatrix}$$

が得られるが，左の行列の指数は 0 であり，右の行列の指数は -2 である．このように異なる村杉符号数が得られるということは，もともと，元 η_0 が群 $P_{4k+2}(\langle t \rangle \to 1)$ に属していなかったということである．　　　　（証明終わり）

● 4 次元のスパインレス多様体（構成）

P 群についてキュネット公式が成立しないことを証明するときに，メイザーの埋め込み $S^1 \to S^1 \times D^2$（図 ∞.1）を使った．これは円周 S^1 の，ドーナツ $S^1 \times D^2$ への埋め込みであるが，このとき埋め込まれるほうの円周 S^1 をほんの少し（ε）だけ太らせて，「細いドーナツ」$S^1 \times D^2_\varepsilon$ と思い，細いドーナツの埋め込み

$$h_\varepsilon : S^1 \times D^2_\varepsilon \to S^1 \times D^2 \qquad\qquad (\infty.3)$$

と考える．そして，この埋め込み（∞.3）の「写像トーラス（mapping torus）」を構成してみたらどうなるだろうと，ふと考えた．そして，それが 4 次元のスパインレス多様体の発見につながった．写像トーラスというのを今の状況に即して説明すると，ドーナツ $S^1 \times D^2$ と閉区間 $[0,1]$ の直積

$$S^1 \times D^2 \times [0,1]$$

を作って，3 次元のドーナツ $S^1 \times D^2$ を 4 次元方向に厚みづける．そして，この直積の一方の端（つまり，4 次元のレベルが 1）のドーナツ $S^1 \times D^2 \times \{1\}$ を埋め込み写像 h_ε を使って 4 次元レベルが 0 のドーナツ $S^1 \times D^2 \times \{0\}$ の中に埋め込む．つまり，$S^1 \times D^2 \times \{1\}$ の点 $(\theta, x, 1)$ と $S^1 \times D^2 \times \{0\}$ の点 $h_\varepsilon(\theta, \varepsilon x) \times \{0\}$ を同一視するのである．ここに，$x\,(\in D^2)$ を ε 倍しているのは，4 次元レベル 1 のドーナツの太さを ε 倍して細いドーナツ $S^1 \times D^2_\varepsilon$ と思い，それを埋め込み写像 h_ε を使って，4 次元レベル 0 のドーナツ $S^1 \times D^2 \times \{0\}$ の中に埋め込んで，この中にすでに埋め込まれている細いドーナツ $h_\varepsilon(S^1 \times D^2_\varepsilon)$ と同一視するのである．（図 ∞.3）

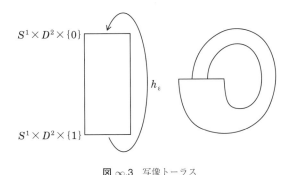

$S^1 \times D^2 \times \{0\}$

$S^1 \times D^2 \times \{1\}$

h_ε

図 ∞.3　写像トーラス

　このように，4 次元方向に厚みづけたドーナツ $S^1 \times D^2 \times [0,1]$ の 4 次元レベル 1 のドーナツ $S^1 \times D^2 \times \{1\}$ を 4 次元レベル 0 のドーナツ $S^1 \times D^2 \times \{0\}$ の中の細いドーナツと同一視する「工作」を行うと，コンパクトな 4 次元多様体ができる．これを W としよう．この多様体 W は 2 次元のトーラス T^2 とホモトピー同値である．それは，工作に使った埋め込み $h_\varepsilon : S^1 \times D_\varepsilon^2 \to S^1 \times D^2$ が，メイザーによる円周の埋め込み（図 ∞.1）$S^1 \to S^1 \times D^2$ と（太さ ε を連続的に 0 にして行けば）本質的に同じもので，しかも，メイザーの埋め込みは円周 S^1 をドーナツ $S^1 \times D^2$ の中心線 $S^1 \times \{0\}$ に単純に同一視する埋め込みに（自分自身と交わる変形もゆるせば）連続変形可能だからである．

　こうして，2 次元トーラス T^2 とホモトピー同値なコンパクト 4 次元多様体 W が得られた．

補題　この W は 4 次元のスパインレス多様体である．

（証明）2 次元トーラス T^2 から W へのいかなるホモトピー同値写像 $f : T^2 \to W$ も PL 埋め込み写像にホモトピックにならないことを証明しよう．もし埋め込みで実現されるホモトピー同値写像 f があれば，その像 $f(T^2)$ は W に埋め込まれた（必ずしも局所平坦とは限らない）2 次元のスパインのはずである．そして，4 次元のなかの 2 次元曲面という特殊性から，その局所平坦性が崩れるのは，S^3 のなかの結ばれた円周の錐の形であり，その頂点 p_0 においてである．このような錐の形をした特異点は有限個あり得るが，それらをまとめることにして，p_0 という 1 点だけで局所平坦性が崩れているとしてよい．そこで，複素射影平面

$\mathbb{C}P^2$ という閉じた 4 次元多様体と W の直積 $\mathbb{C}P^2 \times W$ を考えると，これはコンパクトな 8 次元多様体で，6 次元のスパイン $\mathbb{C}P^2 \times f(T^2)$ を含んでおり，このスパインは $\mathbb{C}P^2 \times \{p_0\}$ という単連結な部分にににおいてのみ局所平坦性が崩れている．加藤–松本の結果[14] を使うと，6 次元のスパインが，単連結な部分でのみ局所平坦性が崩れている場合は，それをそっくり S^7 のなかの結ばれた S^5 の錐によって置き換えることができる．そうすると，$\mathbb{C}P^2 \times W$ のなかの局所平坦なスパインを求めるための障害 $\eta(\mathbb{C}P^2 \times W)$ は (7,5)-結び目同境群に属することになり，それは前に述べたように障害群 $P_6(\langle t \rangle \to 1)$ と一致する（98 ページ参照）．以上をまとめると，**もしホモトピー同値写像 $f : T^2 \to W$ が PL 埋め込み写像とホモトピックであれば，$\mathbb{C}P^2 \times W$ の中の局所平坦な 6 次元スパインを求める障害元 $\eta(\mathbb{C}P^2 \times W)$ は $P_6(\langle t \rangle \to 1)$ に属することになる．**

　ところで，私の開発した非単連結な余次元 2 の手術理論[21] によれば，$\mathbb{C}P^2 \times W$ の中の局所平坦なスパインを求めるための障害元 $\eta(\mathbb{C}P^2 \times W)$ は P 群

$$P_6(\pi_1(T^2) \times \langle t \rangle \to \pi_1(T^2))$$

に属する．ここで，トーラスの基本群 $\pi_1(T^2)$ を 2 元で生成される（乗法的）無限巡回群の直積 $\langle s \rangle \times \langle u \rangle$ と考えてみる．すると，上で述べた W の構成から，4 次元方向の厚みづけから生じる元 u は障害元に寄与せず，実質的には**障害元 $\eta(\mathbb{C}P^2 \times W)$ は，P 群**

$$P_6(\langle s \rangle \times \langle t \rangle \to \langle s \rangle)$$

に属することがわかる．しかも，（メイザーの埋め込みを使った）W の構成と $\mathbb{C}P^2$ との直積を取る操作を丁寧にたどってみると，この障害元は前節（動機）のところで述べた元 η_0 に等しいことが証明できる：

$$\eta(\mathbb{C}P^2 \times W) = \eta_0.$$

前節で P 群についてはキュネト公式が成り立たないことを証明し，**とくに，この元 η_0 は $P_6(\langle t \rangle \to 1)$ に属さないことを証明した**．ところが，上で説明したように，もし，ホモトピー同値写像 $f : T^2 \to W$ が PL 埋め込み写像にホモトピックであれば，障害元 $\eta(\mathbb{C}P^2 \times W) (= \eta_0)$ は $P_6(\langle t \rangle \to 1)$ に属さなければならない．こうして矛盾が生じたので，ホモトピー同値写像 $f : T^2 \to W$ は PL 埋め込

み写像にホモトピックにならない．言い換えれば，コンパクト 4 次元多様体 W がスパインレス多様体であることがわかる．　　　　　　　　　（証明終わり）

　P 群を使った上の証明は，$\mathbb{C}P^2$ との直積を作って高次元に持ち上げて議論するなどかなりゴタゴタしているが，河内明夫氏による「アレクサンダー多項式」を使うすっきりした別証明がある（章末の参考文献［15］）．いずれにしろ，私は上の発見をゴタゴタした証明のまま論文にしてビュレティン オヴ アメリカン マセマティカル ソサイアティー（*Bull. Amer. Math. Soc.*）に投稿して掲載された[22]．

　上で構成した 4 次元スパインレス多様体 W は実は「位相的なスパイン」を持っている．すなわち，（かなり激しく「グシャグシャした」）連続写像による埋め込み（位相的埋め込み）

$$g : T^2 \to W$$

が存在する．この位相的埋め込みは，C. ギフン（C. H. Giffen）による「シフト・スピンニング」という技法を使って構成された（文献［4］の定理 6.6.2）．当然ながら，この位相的埋め込み $g : T^2 \to W$ は PL 埋め込みで近似できない位相的埋め込みの例を与えている．

●ある問題

　上で構成した 4 次元のスパインレス多様体 W はトーラス T^2 とホモトピー同値なので，基本群 $\pi_1(W)$ は階数 2 の自由アーベル群 $\mathbb{Z} \oplus \mathbb{Z}$（乗法群 $\langle s \rangle \times \langle u \rangle$ と同型）である．では，基本群が消えているような，すなわち，単連結であるような 4 次元スパインレス多様体は存在するだろうか．もっと具体的にいうと，

問題 2 次元球面 S^2 とホモトピー同値であるようなコンパクトな 4 次元スパインレス多様体は存在するか．

　高次元では，定理 2 として紹介したように，S^n（$n \geqq 5$）とホモトピー同値な W^{n+2} にはスパインが存在する．したがって，高次元では単連結なスパインレス多様体は存在しない．しかし，低次元（4 次元以下）では何が起こるか分か

らないので，4 次元では単連結なスパインレス多様体が存在するかも知れないと思った.

　私は，1976 年から 1978 年にかけてプリンストンの研究所に滞在したが，そのとき R. カービーから，当時彼が編集していた低次元多様体の問題集に載せる問題がないかと聞かれて，上の問題を含むいくつかの問題を提案した．彼は 1978 年版の問題集に問題 4.25 としてこの問題を取り上げてくれたが，1997 年出版の増補改訂された問題集 [17] のなかでも，同じ番号 4.25 で再掲載してくれている．そこに，「進展なし」（No progress）という注意書きがついている．1997 年になっても，この問題は未解決だった.

　しかし，その同じ注意書きのなかで，コンパクトという条件を外せば，4 次元の単連結なスパインレス多様体が存在することが書かれている．コンパクトでない 4 次元スパインレス多様体は G. A. ヴェネマと私の共著論文 [24] で構成された．我々は 4 次元ユークリッド空間 $\mathbb{R}^4$ の開集合 W' であって，2 次元球面 S^2 とホモトピー同値でありながら，どんなホモトピー同値写像 $f : S^2 \to W'$ も PL 埋め込み写像にホモトピックにならないような開集合 W' を構成したのである．この W' が「スパインレス」であることの証明で，河内明夫氏の「アレクサンダー多項式」に再びお世話になった.

　実は，あとで分かったことであるが，我々の W' はもっと強い意味でスパインレスである．すなわち，どんなホモトピー同値写像 $f : S^2 \to W'$ も（どんなにぐちゃぐちゃした）位相的な埋め込み写像にもホモトピックにならない．（文献 [4] の 335 ページ，Example 6.7.1.）

　このように，コンパクトという条件をはずせば 4 次元の単連結なスパインレス多様体は存在するが，コンパクトであるような単連結な 4 次元スパインレス多様体を探す問題は依然として長く未解決だった.

●問題の解決（2018 年）

　2018 年の 3 月に，A. レヴィン（Adam Levine）という若い研究者からメールが来て，T. リドマン（Tye Lidman）との共同研究で，「コンパクトな単連結 4 次元スパインレス多様体の存在が証明できた」という知らせをもらった．これにはびっくりした．そのとき送ってくれたプレプリント（現在は [20] として出版されている）を見ると，証明に使うのは，21 世紀になって P. オジュヴァートと Z. サ

ボーの二人組が精力的に展開していたヒーゴール・フレアーホモロジー理論を使うものだった．オジュヴァート–サボー[29]は，彼らの導入した3次元多様体のフレアーホモロジー理論の一つの応用として，$Spin^c$-構造 $\mathfrak{s}$ を伴う有理ホモロジー3球面 Y（1次元ベッチ数が0であるような3次元閉多様体）について，「補正項（correction term）」という変な名前の有理数値の不変量

$$d(Y, \mathfrak{s}) \in \mathbb{Q}$$

を導入して，これが，「$Spin^c$-構造を伴う有理ホモロジー3球面の有理ホモロジーコボルディズム」という同値関係に関する不変量であることを示した．この不変量を有効に使って，レヴィン–リドマン[20]は次の定理を証明した：

定理 4 微分可能でコンパクトな単連結4次元スパインレス多様体が無限に存在する．

証明は次のように進行する．まず，次の式で定義される「ブリスコーンのホモロジー3球面」$\Sigma(a, b, c)$ を考える．ここで a, b, c は互いに素な自然数である．

$$\Sigma(a, b, c) = \{ \boldsymbol{z} = (z_1, z_2, z_3) \in \mathbb{C}^3 \mid z_1^a + z_2^b + z_3^c = 0, \, ||\boldsymbol{z}|| = 1 \}.$$

$\Sigma(a, b, c)$ は向きの付いたコンパクトな3次元多様体で，その1次元ホモロジー群は消えている：$H_1(\Sigma(a, b, c)) = 0$.

　論文[20]では，とくに p を整数として，次のようなブリスコーンのホモロジー球面を考え，それを Y_p と書いている：

$$Y_p \cong \begin{cases} \Sigma(2, -(2p+1), -(4p+3)) & p < -1 \\ S^3 & p = -1, 0 \qquad (\infty.4) \\ -\Sigma(2, 2p+1, 4p+3) & p > 0. \end{cases}$$

Y_p から3次元開円板 B^3 をくり抜く．そして $[0, 1]$ との直積を作る：

$$(Y_p - B^3) \times [0, 1].$$

この4次元多様体の境界は，Y_p とその符号を反対にしたもの $-Y_p$ の連結和 $Y_p \#(-Y_p)$ である．あらかじめ，$Y_p \times 1$ の上に具体的に選んでおいた円周 K_p

に沿って $(Y_p - B^3) \times [0,1]$ に 2 ハンドルをくっつけて得られる 4 次元多様体を W_p とする．そして，W_p が次の性質を満たすようにできる：

(i) W_p は S^2 とホモトピー同値であって，その 2 次元ホモロジー群 $H_2(W_p) \cong \mathbb{Z}$ の生成元の自己交点数は 4 である．境界 ∂W_p は

$$H^2(\partial W_p; \mathbb{Z}) \cong H_1(\partial W_p; \mathbb{Z}) \cong \mathbb{Z}/4$$

であって，有理ホモロジー球面である．

(ii) 一般に多様体 X 上の $Spin^c$-構造は第 2 シュティーフェル–ホイットニー類 $w_2(X)$ と $w_2 \equiv c_1 \pmod 2$ を満たすコホモロジー類 $c_1 \in H^2(X; \mathbb{Z})$ で決まるが，$X = W_p$ の場合，W_p の性質 (i) によって $w_2(W_p) = 0$ であることがわかるので，W_p 上の $Spin^c$-構造は偶数 $c_1 = 2i$ によって決まる．この $Spin^c$-構造を $\mathfrak{t}_i$ と書く．

(iii) $Spin^c$-構造 $\mathfrak{t}_i$ を境界に制限して得られる境界 ∂W_p 上の $Spin^c$-構造を $\mathfrak{s}_i$ と書くと，この構造は，$i \bmod 4$ で決まる．

オジュヴァート–サボーの補正項 $d(\partial W_p, \mathfrak{s}_i)$ の値は次のように計算される．p が奇数であれば，

$$d(\partial W_p, \mathfrak{s}_0) = -d(Y_p) - \frac{4p+1}{4} \tag{∞.5}$$

$$d(\partial W_p, \mathfrak{s}_1) = d(\partial W_p, \mathfrak{s}_3) = -d(Y_p) \tag{∞.6}$$

$$d(\partial W_p, \mathfrak{s}_2) = -d(Y_p) - \frac{4p+5}{4}. \tag{∞.7}$$

そして p が偶数のときは，$\mathfrak{s}_0$ と $\mathfrak{s}_2$ の役割が入れ替わる．なお，整ホモロジー 3 球面 Y_p については，その上の $Spin^c$-構造が一意的に決まるので，補正項の値 $d(Y_p)$ も一意的に決まる．

さて，Y. ニーと Z. ウーという二人組 [28] によって，4 次元球体 D^4 に，境界の 3 次元球面 S^3 に含まれる結び目 K にそって（0 でない捻れを持つ）2 ハンドル $D^2 \times D^2$ をつけて得られる 4 次元多様体

$$D^4 \underset{K}{\cup} D^2 \times D^2$$

の境界であるような有理ホモロジー球面

$$\partial(D^4 \underset{K}{\cup} D^2 \times D^2)$$

の d 不変量が研究されている．レヴィンとリドマンは彼らの構成した 4 次元多様体 W_p が 2 次元球面 S^2 とホモトピー同値でありながら 2 次元の PL 球面 S^2 を含んでいない，すなわち，4 次元の単連結スパインレス多様体であることを示すのに，ニーとウーの結果を使った．

その証明は次の通り．もし，W_p にスパインがあれば，すなわち，W_p のなかにそのホモトピー型を表すような 2 次元 PL 球面 S^2 が含まれていれば，その球面の局所平坦性は 1 点で崩れているとしてよい．すなわち，その球面の正則近傍は D^4 に何らかの結び目 K に沿って 2-ハンドルをくっつけた多様体 $D^4 \underset{K}{\cup} D^2 \times D^2$ になっているとしてよい．そうすると，W_p の境界 ∂W_p と正則近傍 $D^4 \underset{K}{\cup} D^2 \times D^2$ の境界 $\partial(D^4 \underset{K}{\cup} D^2 \times D^2)$ は（W_p のなかの正則近傍の補集合の閉包を介して）有理ホモロジーコボルダント（ホモロジーコボルダントの説明は 112 ページを参照してください）になっている．したがって，それらの d 不変量は等しいはずである．

ニーとウーにより証明された有理ホモロジー球面 $\partial(D^4 \underset{K}{\cup} D^2 \times D^2)$ の d 不変量に関する結果を使って，レヴィンとリドマンは次のように論じた：

もし，W_p にスパインがあれば，p が奇数のとき，

$$d(\partial W_p, \mathfrak{s}_0) - d(\partial W_p, \mathfrak{s}_1) = \frac{3}{4} \text{ または } -\frac{5}{4} \qquad (\infty.8)$$

$$d(\partial W_p, \mathfrak{s}_1) - d(\partial W_p, \mathfrak{s}_2) = \frac{1}{4} \text{ または } -\frac{7}{4} \qquad (\infty.9)$$

が成り立たなければならない．式（∞.5）（∞.6）（∞.7）によれば，（∞.8）の左辺は $-\dfrac{4p+1}{4}$ に等しく，（∞.9）の左辺は $\dfrac{4p+5}{4}$ に等しい．よって，（∞.8）と（∞.9）を満たす p は $p = -1$ でなければならない．p が偶数のときは，$\mathfrak{s}_0$ と $\mathfrak{s}_2$ の役割を入れ替えて同様に計算すれば，$p = -2$ または 0 であることが分かる．

結局，W_p にスパインがあれば，$p \in \{-2, -1, 0\}$ でなければならない．言い換えれば，$p \notin \{-2, -1, 0\}$ であるような任意の整数 p について，W_p は 4 次元の単連結スパインレス多様体である．　　　　　　　　　　　　（証明終わり）

レヴィン–リドマンにより，4 次元単連結スパインレス多様体の存在が証明されてから，1 年たった 2019 年に，D. ルーバーマンからメールが来て，レヴィン–

リドマンの 4 次元単連結スパインレス多様体 W_p には**位相的な**スパインが存在することが証明できたと言ってきた.(もちろん,レヴィン–リドマン[20] があるので,この位相的なスパインは PL スパインで近似することができない.)これにはまたびっくりした.送られた来た H. J. キムとの共著のプレプリント(現在では [16] として出版されている)を見ると,手術理論により,W_p と同じ境界を持ち,しかもスパインを持つ 4 次元多様体 W_p' を別に作っておき,そのあと,フリードマンの単連結で閉じた 4 次元位相多様体の分類論[6] とそれを境界付き 4 次元多様体に拡張した S. ボイヤーの結果[1] を使って,W_p と W_p' が同相であることを示すという筋書きだった.構成から,W_p' にはスパインがあるので,それと同相な W_p にも「位相的な」スパインがある,という論法である.かなりの力技という印象を受けた.

40 年前にはどう手を付けてよいかまったく分からなかった問題がこうして解けるようになった.つくづく数学の進歩を実感した.「生きていて良かった」というのが正直な感想である.

ある時期がくれば,似たような問題が一斉に解けることがあるようで,1978 年にカービーの問題集に出したもう一つの問題も解決された.それはカービーの 1997 年の改訂増補された問題集[17] でも 1978 年の問題集のときと同じ番号 1.31 が付けられているが,ホモロジー群が自明であるようなコンパクト 4 次元多様体(「ホモロジー球体」)の境界になっているようなホモロジー球面のなかの結び目全体のなす結び目同境群は古典的な結び目同境群と同型かどうか,という問題であるが,これは否定的に解決された[19].

●ホモロジー 3 球面の世界

今までに何度も登場したように,向きのついた 3 次元閉多様体 Σ が**ホモロジー 3 球面**であるとは,その整数係数のホモロジー群が 3 次元球面 S^3 と同型であることであった:

$$H_*(\Sigma; \mathbb{Z}) \cong H_*(S^3; \mathbb{Z}).$$

また,2 つのホモロジー 3 球面 Σ_1 と Σ_2 が**ホモロジーコボルダント**であるとは,向きのついたコンパクト 4 次元多様体 W があって,

$$\partial W = \Sigma_1 \cup (-\Sigma_2)$$

が成り立ち、かつ、自然な包含写像 $\Sigma_i \hookrightarrow W$ $(i = 1, 2)$ がホモロジー群の間の同型を導くことである:

$$H_*(\Sigma_i ; \mathbb{Z}) \cong H_*(W; \mathbb{Z}), \quad (i = 1, 2).$$

これはホモロジー3球面の間の同値関係であり、その同値類の全体 Θ_3^H は連結和を「和」とするアーベル群の構造をもつ.

群 Θ_3^H は低次元トポロジーの難しさを体現しているような群で、その構造はあまりよく分かっていない.

7章に述べた有名なロホリンの定理を使って、Θ_3^H から位数2の群 $\mathbb{Z}_2$ の上への準同型写像

$$\rho : \Theta_3^H \to \mathbb{Z}_2$$

が存在することは昔から分かっていたが、1980年代までに分かっていたことはこれだけだった. 1990年になって、古田幹雄氏[9] により、ゲージ理論を使って Θ_3^H が非常に大きな群であることが証明された:

定理5 群 Θ_3^H は部分群として $\mathbb{Z}^\infty (\cong \mathbb{Z} \oplus \mathbb{Z} \oplus \cdots)$ を含んでいる.

この定理により、「ロホリン準同型」ρ には当然大きな核 $\rho^{-1}(0)$ があることになるが、ρ の核の様子を探るべく、大分まえに 'bounding genus' と称する不変量を導入していた[23]. その定義は次の通り:

ホモロジー3球面 Σ のロホリン不変量 $\rho(\Sigma)$ が0であるとすると、Σ は、あるコンパクト4次元多様体 W で、$H_1(W; \mathbb{Z}) = 0$ を満たし、かつ $H_2(W; \mathbb{Z})$ 上の交点形式が

$$\begin{pmatrix} 0 & 1 \\ 1 & 0 \end{pmatrix} \tag{∞.10}$$

の n $(\geqq 0)$ 個の直和

$$n \begin{pmatrix} 0 & 1 \\ 1 & 0 \end{pmatrix} = \begin{pmatrix} 0 & 1 \\ 1 & 0 \end{pmatrix} \oplus \cdots \oplus \begin{pmatrix} 0 & 1 \\ 1 & 0 \end{pmatrix} \tag{∞.11}$$

であるような W の境界になっていることが証明できる[1]. Σ が与えられたとき, Σ を境界とするような W をいろいろ取り替えて, 上のような n の最小値をホモロジー 3 球面 Σ の **bounding genus** と呼んで,

$$|\Sigma| = n$$

という記号で表そうというのである. また, もしはじめに取ったホモロジー 3 球面 Σ のロホリン不変量 $\rho(\Sigma)$ が 0 でなければ, 形式的に

$$|\Sigma| = \infty$$

とおくことにする. そうすると, bounding genus は, 群 Θ_3^H の上に (無限大 ∞ という値も許すような) 一種の「ノルム」を定義することになる:

$$| \cdot | : \Theta_3^H \to \{0, 1, 2, \cdots\} \cup \{\infty\}.$$

実際, Σ の向きを反対にしたホモロジー 3 球面を $-\Sigma$ と書くと, $|-\Sigma| = |\Sigma|$ が示せるし, $|\Sigma_1 + \Sigma_2| \leq |\Sigma_1| + |\Sigma_2|$ も示せるので, bounding genus を「ノルム」と言ってもおかしくない.

ロホリン不変量の核 $\rho^{-1}(0)$ に制限すれば, bounding genus はつねに有限の値になり, 核 $\rho^{-1}(0)$ に属する二つのホモロジー 3 球面 Σ_1 と Σ_2 についてその間の「距離」を

$$|\Sigma_1 - \Sigma_2| \quad (\text{すなわち} \quad |\Sigma_1 + (-\Sigma_2)|\,)$$

と定義すれば, $\rho^{-1}(0)$ は一種の距離空間になり, それに属するいろいろなホモロジー 3 球面相互の「位置関係」も「目に浮かぶようになる」ことが期待される.

この bounding genus を定義した論文[23]を発表したころは, 古田幹雄氏の定理 5 もなく, 極端な話, $\Theta_3^H \cong \mathbb{Z}_2$ という可能性もあったわけなので, そこに「ノルム」のような不変量 $|\Sigma|$ を定義することはかなりの「冒険」だった. もし

---

[1] ここで, **直和**とは, たとえば $n = 2$ のとき,

$$2 \begin{pmatrix} 0 & 1 \\ 1 & 0 \end{pmatrix} = \begin{pmatrix} 0 & 1 \\ 1 & 0 \end{pmatrix} \oplus \begin{pmatrix} 0 & 1 \\ 1 & 0 \end{pmatrix} = \begin{pmatrix} 0 & 1 & 0 & 0 \\ 1 & 0 & 0 & 0 \\ 0 & 0 & 0 & 1 \\ 0 & 0 & 1 & 0 \end{pmatrix} \qquad (\infty.12)$$

のことである.

$\Theta_3^H \cong \mathbb{Z}_2$ であったら，$\rho^{-1}(0) = \{0\}$ なのだから，そこにノルムを定義しても何の意味もないからである．発表した論文[23]では，いくつかの具体的なホモロジー 3 球面について，bounding genus の「上から」の評価を与えた．たとえば，ブリスコーンホモロジー球面について，$|\Sigma(2, 3, 12k - 1)| \leqq 1$ など（k は任意の自然数）．このような「上からの評価」は，たとえばこの場合は，$\Sigma(2, 3, 12k - 1)$ を境界にもつ 4 次元多様体 W であって，1 次元ホモロジー群が消えており（$H_1(W; \mathbb{Z}) = 0$），しかもその交点形式が

$$\begin{pmatrix} 0 & 1 \\ 1 & 0 \end{pmatrix}$$

であるような W を構成すればよい．与えられたホモロジー 3 球面 Σ について，その Σ を境界に持ち，しかも，$n \begin{pmatrix} 0 & 1 \\ 1 & 0 \end{pmatrix}$ を交点形式とする W が具体的に見つかれば，$|\Sigma| \leqq n$ という評価が得られるわけだから，この議論は（具体的な「工作」が先行し，あまり理論的ではないものの）結構たのしかった．

上からの評価に比べて，「下からの評価」は極端に難しい．あるホモロジー 3 球面 Σ と，ある自然数 k について，

$$k \leqq |\Sigma|$$

という下からの評価を示そうとすると，このホモロジー 3 球面 Σ が k より小さい $(k - 1) \begin{pmatrix} 0 & 1 \\ 1 & 0 \end{pmatrix}$ という交点形式をもつ 4 次元多様体 W の**境界にはならない**ということを証明しなければならない．その証明には何らかの理論が必要である．

このような「下からの評価」が可能になったのは，古田幹雄氏[10]がサイバーグ–ウイッテン理論（の拡張）を使って，「$\frac{5}{4}$-定理」という基本定理を証明してからである．$\frac{5}{4}$-定理の内容については，7 章で紹介したので参照してほしい．

カービーは 1997 年の彼の問題集の中で，bounding genus を紹介してくれている（Problem 4.2）．彼にこの 'bounding genus' のアイデアを伝えたとき，$\begin{pmatrix} 0 & 1 \\ 1 & 0 \end{pmatrix}$ という交点形式を 'hyperbolic pair' と呼ぶことがあるので，それに基づいて定義される $|\Sigma|$ を **hyperbolic genus** と呼ぶのはどうだろうと提案して，

問題集ではその呼び方が紹介されている．（ただし，$\rho(\Sigma) = 1$ であるようなホモロジー 3 球面 Σ については，E_8 行列を直和して $E_8 \oplus n \begin{pmatrix} 0 & 1 \\ 1 & 0 \end{pmatrix}$ を考えるという彼自身による修正が施されているが，これは不自然だと思う．）また，1982 年の論文 [23] で導入した bounding genus という名称はあまり格好良くない気がするので，最初から hyperbolic genus という名前にしておけば良かったと，今にして悔やまれるが，1980 年代はサーストンによる 3 次元多様体の上の双曲構造（hyperbolic structure）が盛んに議論されていたので，その言葉を使うのを遠慮してしまった．返す返すも残念！

　福本善洋氏 [7] は，古田氏の $\frac{5}{4}$-定理や，古田氏との共著 [8] で定義された w-不変量を使って，多くのホモロジー 3 球面の bounding genus を**決定**している（単なる評価ではなく）．たとえば，

$$|\Sigma(2,7,14m-1)| = 3 \quad (m \text{ は任意の奇の自然数})$$
$$|\Sigma(2,3,12k-1)| = 1 \quad (k \text{ は任意の自然数})$$

など．Bounding genus を使ったホモロジー 3 球面の「地図作り」は 4 次元多様体の「深さ」を我々の前に広げて見せてくれているような気がするので，多くのホモロジー 3 球面の bounding genus が調べられるとうれしいと思う．

　「4 次元のトポロジー」に興味を持たれた読者がさらに [25] に目を通して下さればありがたいです．もっと本格的に 4 次元トポロジーを学びたい読者には，少し大部ですが 2 巻本の [34] をお勧めします．

　以下の文献表作成にご協力いただいた東京工業大学の利根川吉廣氏，立命館大学の福本善洋氏，金沢大学の中村伊南沙氏（現，佐賀大学）に感謝いたします．

参考文献

[1] S. Boyer, *Simply-connected 4-manifplds with a given boundary*, Trans. Amer. Math. Soc. **298** (1986), 331–357.

[2] S. E. Cappell and J. L. Shaneson, *The codimension two placement problem and homology equivalent manifolds*, Ann. of Math. **99** (1974), 277–348.

[3] S. E. Cappell and J. L. Shaneson, *Totally spineless manifolds*, Illinois J. Math., **21** (1977), 231–239.

[4] R. J. Daverman and G. A. Venema, *Embeddings in Manifolds*, Graduate Studies in Mathematics, **106** (2009).

[5] M. Freedman, *Surgery on codimension two submanifolds*, A. M. S. Memoir **191** (1977).

[6] M. Freedman and F. Quinn, *Topology of 4-manifolds*, Princeton Univ. Press, 1990.

[7] Y. Fukumoto, *The bounding genera and w-invariants*, Proc. Amer. Math. Soc., **137** (2009).

[8] Y. Fukumoto and M. Furuta, *Homology 3-spheres bounding acyclic 4-manifolds*, Math. Res. Lett.,**7** (2000), 757–766.

[9] M. Furuta, *Homology cobordism group of homology 3-spheres*, Inventiones math., **100** (1990), 339–355.

[10] M. Furuta, *Monopole equation and the 11/8-conjecture*, Math. Res. Lett., **8** (2001), 279–291.

[11] M. Kato, *Combinatorial prebundles, I, II,* Osaka J. Math., **4** (1967), 289–303, 305–311.

[12] M. Kato, *Higher dimensional PL knots and knot manifolds,* J. Math. Soc. Japan **21** (1969) 458–480.

[13] M. Kato, *Embedding spheres and balls in codimension $\leqq 2$,* Inventiones Math., **10** (1970), 89–107.

[14] M. Kato and Y. Matsumoto, *Simply connected surgery of submanifolds in codimension two I,* J. Math. Soc. Japan, **24** (1972), 586–608.

[15] A. Kawauchi, *On a 4-manifold homology equivalent to a bouquet of surfaces,* Trans. Amer. Math. Soc., **262** (1980), 95–112.

[16] H. J. Kim and D. Ruberman, *Topological spines of 4-manifolds*, Algebr. Geom. Topol. **20** (2020), no. 7, 3589–3606.

[17] R. Kirby (ed.), *Problems in Low-Dimensional Topology*, AMS/IP Studies in Advanced Mathematics, Volume **2**, 1997 (Part 2), 35–473.

[18] J. Levine, *Invariants of knot cobordism*, Inventiones Math. **8** (1969), 98–110.

[19] A. S. Levine, *Nonsurjective satellite operators and piecewise-linear concordance*, Forum Math. Sigma (2016), **4**, e34, 47.

[20] A. S. Levine and T. Lidman, *Simply connected, spineless 4-manifolds*, Forum Math. Sigma (2019), **7**, e14, 1–11.

[21] Y. Matsumoto, *Knot cobordism groups and surgery in codimension two*, J. Fac. Science, The University of Tokyo, Sec. IA, **20** (1973), 253–317.

[22] Y. Matsumoto, *A 4-manifold which admits no spine*, Bull. A.M.S. **81** (1975), 467–470.

[23] Y. Matsumoto, *On the bounding genus of homology 3-spheres*, J. Fac. Sci. The Univ. Tokyo Sec. IA, **29**, (1982), 287–318.

[24] Y. Matsumoto and G. A. Venema, *Failure of the Dehn Lemma on Contractible 4-Manifolds*, Inventiones math., **51** (1979), 205–218.

[25] 松本幸夫,『[新版] 4 次元のトポロジー』, 日本評論社, 2016.

[26] B. Mazur, *A note on some contractible 4-manifolds*, Ann. of Math. **73** (1961), 221–228.

[27] K. Murasugi, *On a certain numerical invariant of link types*, Trans. Amer. Math. Soc. **117** (1965), 387–422.

[28] Y. Ni and Z. Wu, *Cosmetic surgeries on knots in S^3*, J. Reine Angew. Math. **706** (2015), 1-17.

[29] P. Ozsváth and Z. Szabó, *Absolutely graded Floer homologies and Intersection forms for four-manifolds with boundary*, Advances in Mathematics **173** (2003), 179–261.

[30] A. Ranicki, *Exact sequences in the algebraic theory of surgery*, Mathematical Notes **26**, Princeton University Press, 1981.

[31] A. Ranicki, *High-dimensional knot theory – Algebraic surgery in codimension 2*, Springer Math. Monograph, Springer, 1998.

[32] C. P. Rourke and B. J. Sanderson, *Block bundles, I - III,* Ann. of Math., **87** (1968), 1-28, 256-278, 431-483.

[33] J. Shaneson, *Wall's surgery obstruction groups for $\mathbb{Z} \times G$*, Ann. of Math. **90** (1969), 296–334.

[34] 上正明, 松本幸夫,『4 次元多様体 I, II』, 朝倉書店, 2022.

[35] C. T. C. Wall, *Surgery on compact manifolds*, Academic Press, 1970.

位相幾何学の起こりと発展

●トポロジーの誕生

位相幾何学（トポロジー）が歴史上いつ始まったかという問いに，スペインの数学者 J. M. Montesinos がかなりの確信をもって，「それは 1736 年の，4 月 3 日以降のある日である」と言っている[7]．その理由として，L. Euler（1707–1983）が有名な「Königsberg の 7 本橋の問題」の解を書いた論文[3]をペテルスブルクのアカデミーに提出したのがこのころであること，そして，この論文の序文に，Euler が明確に G. W. Leibniz（1646–1716）のいう *Geometria situs*（*Analysis situs*）（位置の幾何学，位置解析）の内容を定義しているということが挙げられている．Montesinos によれば，Leibniz の何よりの功績は **Geometria situs** という「言葉」を作ったことで，Leibniz 自身はこの言葉によって図形を直接扱う一種の「方法」のようなものを考えていたように思われるという．（たとえば，現在の線形代数のような．）Leibniz の Geometria situs はその魅力的な語感で数学者の想像力を刺激したが，その内実はほぼ「空（から）の箱」だった[1]．ところが，Euler の論文[3]の序文ではそれが次のように定義されている：

「幾何学の分野で，量を扱い，以前から大いに関心を集めて来た分野のほかに，今日までほとんど知られておらず，初めて Leibniz が Geometria situs（位置の幾何学）と呼んだもう一つの分野がある．この分野はただ位置の決定とそれらの

---

1) 専門家の林知宏氏も著書[5]のなかで，「ライプニッツのこの位置解析は，特に記号による形式性に重点が置かれる．」(p.123)，「もしライプニッツの位置解析を 20 世紀における位相幾何学の先駆的存在とみなすならば，やはりそれは過大評価であろう．」(p.131) と述べている．

性質のみを扱うものである；それは量や，量の計算には関らない．未だかつて，どんな種類の問題がこの位置の幾何学に関連するかということや，それらを解くために採用しなければならない方法が十分満足できるかたちで明確にされたことはなかった．そんなわけで，最近，一見すると幾何学的であるが，量の測定やそれらの計算がいらないようなある問題が提起されたとき，私はこれが Geometria situs と関係があるということに疑いを持たなかった；特に，それを解くのに位置だけが問題であり，計算はまったく役立たないという理由によってである．そこで，私はこの問題を解くために見出した方法を Geometria situs の例としてここに提示することにした次第である．」

　この序文をみると，Leibniz が言い出した Geometria situs という「魅力的な名前が付いているが，実は空の箱」の中に，後の Poincaré の "Analysis situs"（位置解析）＝位相幾何学　に通じる内容を最初に盛り込んだのは Euler であることがわかる．Euler は，「Königsberg の橋の問題」こそ彼が存在を確信した新しい分野の例であるとしたわけである．Euler が自分の論文[3]の標題に Geometria situs を明記しているところをみると，彼はこの「読み込み」にかなりの確信を持ったと思われる．Montesinos がトポロジー誕生の時を特定した理由は以上のようなものである．

　Montesinos[7]はさらに，前月の 1736 年 3 月には，Euler 自身の気持ちがまだ完全な確信に至っていないことを指摘している．実際，Montesinos によれば，Euler は 1736 年 3 月 13 日に，イタリアの数学者兼技術者の Marinoni に手紙を書き，7 本橋の問題を説明したあとに，次のように書いている：

　「この問題は確かにありきたりなものですが，注目するに値すると思われました．なぜなら，それを解くのに，幾何学も代数も数え上げる技術も十分でないからです．そして，そのことから判断して，ひょっとしてこの問題は Leibniz があのように切望した Geometria situs に属するものではないかという考えが浮かびました．」

　Leibniz は位置を直接扱う「方法」が欲しいと述べたのに，Euler はそれが新しい「分野」であるといわば誤解したのである．

　実は，プロシャのダンチヒ市長の Ehler が 1736 年 3 月 9 日付けの手紙を Euler に送っている．Euler は「7 本橋の問題」の最初の解を前年の 1735 年の 8

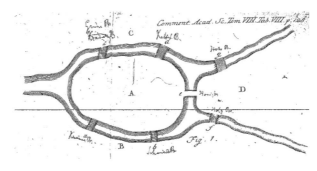

図 A1.1 Königsberg の橋

月 26 日にペテルスブルクのアカデミーの会員達の前で発表しており，すでにそのことが広く知れわたっていたと思われる．Ehler は Euler の解答と証明を教えてほしいと手紙で頼んで，そのなかで，

「これは疑いもなく Calculus situs の素晴らしい例であると思われます」
と書いている．(Calculus situs は Geometria situs と同じものであるが，Ehler は Leibniz の名前に言及していない．) ダンチヒとペテルスブルクの距離を考えると，3 月 9 日付けの Ehler の手紙を Euler が読んだのは彼が Marinoni に手紙を書いた 3 月 13 日の後であると思われるが，Ehler がかくも簡単に「この問題は Calculus situs の例だ」と書いていることに，Euler は「カチンと来た」のではないかというのが Montesinos の見立てである．「この何も分かってない男が何を言うか」という気持ちが 1736 年 4 月 3 日付けの Euler から Ehler への返信のなかにみなぎっているという．その返信のなかで Euler は

「ところで，高貴なる閣下，あなた様はこの問題を Geometria situs に属するものとされましたが，私はこの新しい分野の中身をまったく存じませんし，Leibniz と Wolffe がこの表現でどんな問題を期待していたのかも存じません」
と書いている．しかるに，このあと，Euler は Geometria situs の内容について確信をもった論文 [3] を書いてペテルスブルクのアカデミーに提出しているのである．

ここで念のため，Königsberg の橋の問題を復習しておこう．プロシャの Königsberg（現在のカリーニングラード）にある島に図 A1.1 のような 7 本の橋がかかっている．このそれぞれの橋を 1 度ずつわたって，7 本の橋をすべて渡り

切る道は存在するか？ というのが「Königsberg の橋の問題」である．Euler は
そのような道が存在しないことを証明した．この問題は現代のグラフ理論の始ま
りでもあるとされているが [2]，Euler の原論文 [3] にグラフは登場しない．なお
文献［2］pp.3–8 には Euler の論文 [3] の全文が英訳されている．

● Euler の多面体公式

　現代の眼からみると，Euler はトポロジーの誕生にもう一つ大きな貢献をして
いる．Euler の多面体公式と呼ばれる公式がそれである．いくつかの面で囲まれ
た多面体 P を考える（現代的な言葉遣いでは，3 次元球体と同相な多面体であ
る）．その多面体 P の表面（球面と同相）を分割している面の数を F（faces），
稜の数を E（edges），頂点の数を V（vertices）とすれば，これらの間に

$$V - E + F = 2 \tag{A1.1}$$

という関係がある，というのが Euler の多面体公式である．ところが，Euler が
この公式を証明した論文 [4] をみると，（A1.1）の形の公式は見当たらず，

$$V + F = E + 2 \tag{A1.2}$$

という形の公式 2) が証明されている．公式（A1.1）は公式（A1.2）を移項しただ
けのものなので，どちらでも同じ公式と思えるが，しかし，意味は大いに異なる．
今日の言葉では，（A1.1）の左辺 $V - E + F$ は「**Euler 標数 χ**」という位相幾何
的不変量であって，公式（A1.1）は「球面の Euler 標数が 2 に等しい」という
位相幾何的な事実を表す式になっている．ところが，公式（A1.2）のほうは，球
面を分割して得られる面の数 F と頂点の数 V を加えたものは，稜の数 E 足す
2 に等しい，という関係を述べただけものに過ぎない．つまり，公式（A1.1）と
（A1.2）には「Euler 標数」という位相幾何的不変量の認識があるかないかの違
いがある．

　Euler は，Königsberg の橋の問題を解いた論文 [3] のなかで，Geometria
situs を現代の位相幾何学に通じる分野として定義したにも関わらず，それから
約 20 年後に発表された多面体公式を証明した論文 [4] のなかでは，この公式が

---

2) 論文では，頂点の数を S で，稜の数を A で，面の数を H で表していて，$S + H = A + 2$ という公式
になっている．S, A, H はそれぞれ，頂点，稜，面に対応するラテン語の言葉の頭文字である．

Geometria situs に属するものとは一言も言っていない.

　Euler は論文[4] の始めの方で，この論文を書いた動機を語っている.

　「立体幾何においては，周りがすべて平らな面で限界づけられた立体が，平面幾何において直線図形が占めているのと同じような第一の位置を当然ながら占めるのであるから，立体幾何の（平面幾何と）同様の諸原理，つまりそこから立体図形の組成が帰結し，また特に図形の諸性質が証明され得るような諸原理を確立しようという考えが浮かんだのだった．それをやってみて極めて奇妙に見えたことは，立体幾何は（平面）幾何学と同じくらい何世紀も前から研究されてきたのに，ほとんど基礎ともいうべき端緒さえ今日まで知られておらず，こんなにも長い年月の間にそれらを探究し秩序だったものに持ちきたそうと企てた人を誰もみいだせないということであった.」

　Euler の動機は Geometria situs にあったのではなく，平面上の多角形について成り立つ基本的な性質[3]を立体についても見出そうということだった．したがって，Euler はあくまで立体幾何を研究しようとしていたのであり，Geometria situs を研究しようとしていたわけではない．論文[4] の最後のほうで，4 面体の体積を 6 本の稜の長さから計算する公式を与えていることから考えても，「幾何的な量の計算と無関係な現象の研究」と彼自身が定義した Geometria situs を研究しているという意識は Euler にはなかったのではないか.

　「Euler 自身は Euler 標数を知らなかった」と言えると思う.

● Euler から Poincaré まで

S. A. J. L'Huilier（1750–1840）

　Euler から 50 年以上たっても，Euler 標数が意識されることはなかったようだ．たとえば，一般の立体では Euler の多面体公式はそのままの形では成り立たないと主張した L'Huilier の 1811 年の論文[6] を見ると，終わりの方（§12 の最初の Example）で，今日の言葉でいう「中身の詰まったドーナツ（solid torus）」の形をした特殊な立体を考え，これについては $F + V = E$ という式が成り立つことを証明している．これは「この立体の表面（トーラス T）の Euler 標数

---

3) Euler の挙げている例に従って言えば，角の数は辺の数に等しいとか，角の総和は辺の数の 2 倍から 4 を引いた分の直角に等しい，つまり，n 角形の内角の総和は $(n-2)\pi$ に等しいというような，平面多角形について成り立つ基本性質.

$\chi(T) = V - E + F = 0$」という事実が最初に顔を出した論文ともとれるが，しかし，L'Huilier はそういう解釈をしていない．そもそも L'Huilier には，立体の表面である「曲面」を考えるという視点がない．このことは，最後の §14 で，3 次元のボールの内側から n 個の小ボールをくり抜いて残った立体については，

$$F + V = E + 2 + 2n \qquad (A1.3)$$

が成り立つことを証明していることからも明らかである．この立体の表面を考えれば，それは $n + 1$ 個の球面の互いに交わらない和集合になっているのだから，この式は $n + 1$ 個の Euler の多面体公式 (A1.2) を辺々加えたものにすぎない．

　ついでながら，Euler の論文 [4] では，立体の表面を分割する面は「多角形」に限定されているが，L'Huilier は立体の表面を分割する平面図形として「アニュラス（平面多角形からその内側に描かれた小多角形をくりぬいたもの）」も考えていて，こういう面を一つの面と数えると Euler の多面体公式が成り立たないことを注意している．このような事情が彼の議論を複雑にしている．

C. F. Gauss（1777–1855）

　寺阪英孝・靜間良次著『19 世紀の数学 幾何学 II』[12] の第 3 章（微分幾何の章）に，曲面の幾何学の研究は Euler（1767）に始まり，Monge（1809 年ころ）によって詳しく研究された，と書かれている．そして，Gauss の「曲面についての一般研究（Disquisitiones generales circa superficies curvas, 1827）」全編の和訳が載せられている．これをみると，それ以前の研究に比べたときの Gauss の圧倒的な完成度の高さが知られる．Gauss は，この「曲面の一般研究」を，まず xyz 座標を伴う 3 次元空間のなかに描かれた曲面から始めている．そして，曲面の各点 p において立てた単位の長さの法線を原点まで平行移動し，その端点がのっている単位球面の点を p に対応させることによって，曲面から単位球面への写像（いわゆる Gauss map）を考える．もとの点 p の周りの微小領域の面積と，それを Gauss map で単位球面上にうつした微小領域の面積比を符号付きで考えたものが点 p における曲面の全曲率 $K(p)$（いわゆる Gauss 曲率）である．そして「曲面についての一般研究」の第 12 節で，全曲率 $K(p)$ が点 p における曲面の**第 1 基本形式**

$$Edp^2 + 2Fdpdq + Gdq^2$$

だけで決まることを証明している[4]. 当然のことながら，Gauss はこの定理が大変気に入ったようで，抜群の定理（theorema egregium）と呼んでいる.

Gauss はこの抜群の定理の意味するところを第 13 節でつぎのように説明している.

「… 面が立体の境界としてではなく，次元が一つ減じた固体であって，しかも曲げることができて且つ伸縮はないとき，その性質には … 絶対的であって如何なる形に曲げられても不変のままであるもの（すなわち Gauss 曲率）がある．この性質の研究は幾何学の新しい，かつ豊かな分野を開く …」

この説明から分かるように，Gauss のいう「抜群の定理」は，「第 1 基本形式を伴った曲面」を「xyz という座標を持つ 3 次元空間に描かれた図形」といういわば従属的な立場から解放して，自由に曲がったりして空間を動き回ってもよいような「自立した存在」に変えたのである．曲面上の点 p における全曲率を計算するには，それが 3 次元空間に入っている必要もないことになってしまう．曲面を 3 次元空間内の「図形」としてみる立場から「独立した 2 次元空間」としてみる立場への転換がこのとき生じたと考えられる.

曲面上に，各辺が測地線からなる「曲がった m 多角形」D があって，その各頂点での外角を $\alpha_1, \cdots, \alpha_m$ とするとき，D 上で全曲率 $K(p)$ を積分したものの値は

$$\int_D K(p)d\sigma = 2\pi - \sum_{i=1}^{m} \alpha_i \qquad (A1.4)$$

で与えられる（$d\sigma$ は面素）．これが有名な **Gauss–Bonnet の公式**であるが，この公式からすぐに，（向きの付いた）閉曲面 S 上で $K(p)$ を積分すると S の Euler 標数 $\chi(S)$ の 2π 倍になる

$$\int_S K(p)d\sigma = 2\pi\chi(S) \qquad (A1.5)$$

ということが証明される．当然 Gauss 自身がこの公式 (A1.5) を知っていてもよさそうであるが，筆者にはわからない.

文献 [12] の第 4 章はトポロジーに充てられている．そこに，Gauss から

---

4)　ここで，p, q は曲面上の局所座標で，第 5 節で導入されている．また，$\sqrt{Edp^2 + 2Fdpdq + Gdq^2}$ は曲面上の線素である.

Olbers 宛の手紙（1802 年）が紹介されている：

　「これ（Geometria situs）はこれまで殆ど開拓されていないもので，わずか
に Euler と尊敬する数学者 Vandermonde（1735–1796）の 2, 3 の断章があるに
すぎないが，まったく新しい分野をひらき，まったく独自の極めて興味ある荘厳
な数学の分科となるに違いない.」

　Gauss は研究生活のかなり早い時期から Geometria situs に関心をもっていた
ことが分かる. また,「曲面論」の完成後の 1833 年 1 月 22 日付けで，次のよう
に書いているという（ガウス全集第 5 巻[13]，605 頁）：

　「Leibniz が予感し，ほんの数人の数学者（Euler と Vandermonde）がわずか
に注目した位置の幾何（Geometria situs）は，150 年を経ているのに殆ど手が
つけられていない.」

　もし，Gauss が Geometria situs に属する不変量としての Euler 標数 $\chi(S)$ を
知っており，しかも公式（A1.5）を知っていれば，自分の曲面論の定理が微分幾
何と Geometria situs をつないだことに大いに誇りを持ったと思うが，それにつ
いては言及していない. もしかすると，Gauss には「曲面の Euler 標数 $\chi(S)$」
という位相不変量の認識がなかったかもしれない.

　これに比べると，3 次元空間のなかの互いに交わらない 2 つの閉曲線 C_1, C_2 の
まつわり数（linking number）$L(C_1, C_2)$ については，それが Geometria situs
に属する不変量であるという明確な認識があった. 実際，文献 [12] のなかの上
の引用に続く部分で，著者（寺阪・静間）は次のように書いている（p.79）：

　そして，（Gauss は）電磁気学の研究に関連して 3 次元空間の二つの閉曲線の
「絡み数（まつわり数）」を積分をつかって定義し，二つの曲線の位置の関係を
数量的に表現し，新しい未開拓の分野に大きな期待をかけた.（次いで，Gauss
[13] から以下の引用が続く）：

　「x, y, z および x', y', z' をそれぞれ二つの曲線上の（3 次元空間における）座
標とし，

$$V = \int \int \frac{\begin{vmatrix} dx & dy & dz \\ dx' & dy' & dz' \\ x - x' & y - y' & z - z' \end{vmatrix}}{[(x' - x)^2 + (y' - y)^2 + (z' - z)^2]^{\frac{3}{2}}}$$

とおき，二つの曲線にわたって積分すれば，$4m\pi$ に等しい．ここで，m は絡み数（まつわり数）である．」

そして，ここに位置の幾何（Geometria situs）と量の幾何（Geometria magnitudinis）の境界領域の基本問題の一つがあるとしている．

文献 [12] ではこのように述べられているが，これを見ても，Gauss には Euler 標数の認識が欠けていたかも知れないという思いを強くする．

J. B. Listing（1808–1882）

トポロジーという言葉は Listing によってはじめて提唱された．Listing は 1832 年の冬から Gauss の助手として天文台で働くことになり，天文台での仕事の合間に，Gauss からしばしば位置の幾何について話しを聞いたという（文献 [12]，p.80）．彼は 1847 年に出版された本「Vorstudien zur Topologie （トポロジーの基礎研究）」のなかで，Leibniz が指摘した幾何学の，量的側面ではない様態的側面を研究する分野として，Topologie という用語を提唱したいといっている．その理由として，「Leibniz のいう Geometria situs は従属的な役割しかない質量の概念を思い起こさせるし，またまったく別の幾何学的考察を表すために現在既に流布している géométrie de position（Carnot によるものらしい．筆者＝松本はその内容を知らない）という用語と間違われるからである（p.6）．」と書いている．

この本で実際に扱われている内容は，座標の向き付けの問題，植物のつるのようならせんの右巻き，左巻きの区別，結び目の表示，グラフの一筆書きの問題など限られたものであるが，トポロジーへの思い入れには相当強いものがある．いろいろな応用の可能性を数え上げて，空間的対称性や運動の研究もトポロジーに属するとし，組織化された存在の形態学（Morphologie）や結晶学（Krystallographie）においても，対称性の法則が本質的な役割を果たすであろう，と述べているのをみると，20 世紀（1970 年代）の R. Thom の形態形成論に通じるものさえ感じる．ついでながら，Listing の本にも Euler 標数は登場していない．

ただし，文献 [12] によれば，Listing は 1862 年の論文において，3 次元多面体について Euler 標数を拡張しようとしているということである（p.82）．

G. F. B. Riemann（1826–1866）

Riemann は 1 変数の複素関数の「住みか」として，**Riemann 面**の概念を創造した（英訳全集[10]第 I 論文 [1851] と第 VI 論文 [1857]）．Riemann 面は向き付けられた閉曲面である．しかも，3 次元空間内に描かれた曲面ではなく，まったく「自立した」閉曲面である．Riemann は第 I 論文で Riemann 面を複素数平面の有限個の点で分岐する分岐被覆として与えたが，その論文の最後に，このような構成は本質的でなく，一般に曲面から曲面への「等角写像」を扱うべきであるといって，Gauss の「曲面論」の第 13 節を引用している．Gauss が曲面を「3 次元空間内の図形」から「自立した 2 次元空間」へと解放したあの部分である．

J. Stillwell[11] は，1850 年代から 1880 年代にかけて Euler 標数 $\chi(S)$ によって閉曲面 S の位相的分類ができるという認識が共有されるようになったといって，Riemann[1851], Möbius[1863], Jordan[1866] の名前を挙げている（p.295）．ようやくこの頃になって，Euler 標数 $\chi(S)$ が閉曲面の位相不変量として認識されるようになったわけである．

Riemann は「自立した 2 次元空間」としての閉曲面の概念を高次元化して，n 次元多様体の概念を提出した（英訳全集[10]第 XIII 論文 [1854]）．「自立した n 次元空間」の概念である．第 1 基本形式に基づいて多様体のなかで幾何を展開すべきであるという Riemann の考えが，後に A. Einstein（1879–1955）の**一般相対論**の建設に大きな役割を果たしたことはよく知られている．

全集 [10] には第 XXIX 論文（p.475）として，Analysis situs に関する断片が収録されている．この断片に書かれている Riemann の考えははっきりとは追って行けないが，後のホモロジー論に通じる現象を考えようとしているように見える．Riemann は 1862 年 11 月から病気療養のためしばしば温暖なイタリアを訪れるようになり，E. Betti（1823–1892）と交流して様々な数学の議論をした．このあたりのことは，文献 [12] のトポロジーの部分に詳しく書かれている（p.85）．Betti は n 次元多様体の各次元の「連結数」$p_1 + 1, p_2 + 1, \cdots, p_{n-1} + 1$ を論じた論文を書いた [1]．「連結数」は後に Poincaré が論文 [8], [9] のなかで「Betti 数」と呼んでいる数である[5]．彼の論文には Riemann の考えがかなり影響を与えているように思われる．

---

5)　Betti や Poincaré のいう「Betti 数」は現在のホモロジー論でいう Betti 数より 1 だけ大きい．

H. Poincaré（1854–1912）

Riemann と Betti により始められた多様体の位相幾何学的な研究は素朴なものであったが，1895 年に書かれた Poincaré の論文（Analysis situs）により，一挙に現代数学的なレベルに引き上げられた．Poincaré はこの論文に続いて 5 つの補遺を書いた．これら一連の論文により，実質的に位相幾何学の重要な柱の一つである「ホモロジー論」の基礎が出来上がり，また，「基本群」の概念も定義された．

我々が今までたどって来た Euler 標数との関連でいえば，p 次元多様体 M を α_0 個の点，α_1 個の線分，α_2 個の 3 角形，α_3 個の 4 面体，$\cdots$，そして α_p 個の p 次元単体に分割したとき，

$$N = \alpha_0 - \alpha_1 + \alpha_2 - \cdots + (-1)^p \alpha_p$$

という整数を考えると，これが M の分割の仕方によらずに M だけで決まることを証明している．これはまさに Euler 標数の一般化である．

最後に書かれた第 5 の補遺 (1904) のなかで「閉じた 3 次元多様体 M の基本群が自明であれば，その多様体 M は 3 次元球面 S^3 と同相であるか」を問う，いわゆる「Poincaré 予想」が提起され，約 100 年後の 2002/3 年に G. Perelman により解決されたことは未だ記憶に新しい．Perelman の証明は微分幾何の分野で研究されていた「Ricci 流（リッチ・フロー）」を応用するもので，Perelman は同時に，W. Thurston によって提起された 3 次元多様体の「幾何化予想」も解いた．Poincaré から 100 年以上経った現在，トポロジーと微分幾何の交流が進み、その境界もかなりあいまいなものになっている気がする．

なお，Poincaré の 1895 年の論文とその 5 つの補遺は英訳されている（文献 [8]）．また，代数幾何に関する第 3 と第 4 の補遺を除いた部分の齋藤利弥による和訳がある（文献 [9]）．

参考文献

[1] E. Betti, *Sopra gli spazi di un numero qualunque de dimensioni*, Annli di Matematica Pura ed Applicata, Tomo IV, (1871), 140–158.

[2] N. L. Briggs, E. K. Lloyd, R. J. Wilson, *Graph Theory 1736–1936*, Oxford University Press Inc., New York, 1998.

[3] Leonhard Euler, *Solutio Problematis ad Geometriam Situs Pertinentis*, Commentarii academiae scientiarum Petropolitanae, **8** (1736), 1741, 128–140 =Opera Omnia (1), **7**, 1–10.

[4] Leonhard Euler, *Demonstratio Nonnullarum Insignium Proprietatum Quibus Solida Hedris Planis Inclusa Sunt Praedita*, Novi commentarii academiae scientiarum Petropolitanae **4** (1752/3), 1758, 140–160.

[5] 林知宏，『ライプニッツ　普遍数学の夢』，コレクション数学史 2（佐々木力編），東京大学出版会，2003.

[6] L'Huilier, DÉMONSTRATION IMMÉDIATE D'UN THÉORÈME FONDAMENTAL D'EULER SUR LES POLYHÈDRES, ET EXCEPTIONS DONT CE THÉORÈME EST SUSCEPTIBLE, Mémoires de l'Académie Impériale des Sciences de Saint-Pétersbourg, **4** (1811), 271–301.

[7] José María Montesinos-Amilibia, *Origen de la Topología: Euler y los puentes de Königsberg*, in La Obra de Euler, Tricentenario del nacimiento de Leonhard Euler (1707–1783), 229–242, Instituto de España, Madrid, ISBN:978-84-85559-66-4, 2009.

[8] H. Poincaré, *Papers on Topology, Analysis Situs and Its Five Supplements*, Translated by J. Stillwell. History of Mathematics **37**, Amer. Math. Soc., 2010.

[9] ポアンカレ著，齋藤利弥訳,『ポアンカレ トポロジー』数学史叢書（足立恒雄・杉浦光夫・長岡亮介編）朝倉書店，1996.

[10] Bernhard Riemann, *Collected papers, Bernhard Riemann (1826–1866)*, Translated by R. Baker, C. Christenson and H. Orde. Kendrick Press, Inc. 2004.

[11] J. Stillwell, *Mathematics and Its History*, Undergraduate Text in Math., Springer, 1989.

[12] 寺阪英孝，静間良次,『19 世紀の数学 幾何学 II』，数学の歴史 8-b，共立出版，1982.

[13] G.F. Gauss, *Werke Band V*, Königlichen Gesellschaft der Wissenschaften zu Göttingen（1867）.

付録 2

$\mathbb{R}^4$ 上の
エキゾチックな微分構造

　フリードマン（M. Freedman）により 4 次元ポアンカレ予想が解決されたのは
1981 年のことであった．それに続いて，1982 年に，さらにもうひとつの驚くべ
き発見が 4 次元多様体のトポロジーにおいてなし遂げられた．それは，4 次元
ユークリッド空間 $\mathbb{R}^4$ 上に，通常の微分構造とは異なる微分構造が存在するとい
う発見である．4 次元以外のユークリッド空間は，通常の微分構造以外の微分構
造をもち得ないことはすでにわかっているから，このことは 4 次元多様体のトポ
ロジーの"異常さ"を端的に物語るものといえよう．$\mathbb{R}^4$ 上に異種の（エキゾチッ
クな）微分構造が存在する，という認識は，4 次元多様体に関する，ある基本定
理から得られる．この基本定理は，ドナルドソン（S. Donaldson）という，フリー
ドマンよりさらに若い数学者により証明されたものである．

　以下，彼の基本定理の解説を試みよう．

●高次元トポロジーと低次元多様体

　今では，やや古い話になってしまったが，ミルナー（J. Milnor）が 7 次元球面
上に，通常の微分構造とは別のいわゆるエキゾチックな微分構造の存在を示し
て，世間をアッといわせたのは，1956 年のことである．それ以来，微分トポロ
ジーとよばれる分野は，目覚ましい発展を遂げ，たとえば，5 次元以上の球面上
に何個のエキゾチックな微分構造があるか，というようなことは，少なくとも原
理的には完全に明らかにされた．球面ばかりでなく，一般の高次元多様体につい
ても，その上の微分構造なり，PL 構造（三角形分割の構造）なりを統制する理

論もほぼ完全に仕上がっている.

　このような高次元多様体の微分トポロジーを通じて明らかになったのは,高次元多様体の微分構造や PL 構造は,その多様体の接バンドルにより把握される,という事実であった.よく知られているように,多様体の接バンドルは,その多様体から然るべき "分類空間" とよばれる空間への,ある写像のホモトピー類により分類できる.したがって,多様体のトポロジーは,ある種の空間とその空間の間の写像のホモトピー論的な研究に帰着される,と考えてよかろう.これを標語的に言えば,"多様体論はホモトピー論に還元される",あるいは(この言い方が少々言いすぎならば)"多様体のトポロジーはホモトピー論的な情報によって把握可能である" とでもなるだろうか.これが,高次元多様体論の基本的認識ではなかったかと思う.

　1960 年代あたりから,上述のような高次元多様体論の基本認識が,3 次元 4 次元の,いわゆる低次元多様体論においてもそのままなりたつものかどうか,それを確かめるべく多くの努力が傾けられてきた.はじめに述べたフリードマンの仕事(1981 年)とドナルドソンの基本定理(1982 年)は,この問題に重要な鍵を与えるものであった.それによれば,この問いはある場合には正しく,ある場合には誤っている.

　フリードマンの定理は,一種の肯定的解答と考えられる.彼の定理によれば,上述の高次元多様体論の "基本的認識" は **4 次元単連結位相多様体**についてはなりたつ:

フリードマンの定理(存在定理)　整数環 $\mathbb{Z}$ 上で定義された任意の非特異(unimodular)双一次形式について,それを交点形式とする単連結の閉じた 4 次元位相多様体が存在する.

　(一意性定理)(i)単連結の閉じた 4 次元位相多様体 M の交点形式が II 型(すなわち対角成分がすべて偶数)ならば,M と同値な交点形式をもつ 4 次元単連結閉位相多様体は M と位相同形であり,(ii)もし M の交点形式が I 型(すなわち II 型でない)ならば,M と同値な交点形式をもつ 4 次元単連結閉位相多様体の位相同形類はちょうど 2 つある.

　4 次元球面 S^4 は自明な交点形式をもつから,4 次元ポアンカレ予想はこの定

理の特別な場合である.

　この定理の (ii) にいう 2 つの位相同形類は，カービー–ジーベンマン類とよばれるコホモロジー類 $k(M) \in H^4(M; \mathbb{Z}_2)$ で決定される.

　M の交点形式は，M のホモトピー型で定まり，カービー–ジーベンマン類 $k(M)$ は，M の（位相的）接バンドルによって定まる. したがって，上の定理は，高次元多様体論の基本的認識が 4 次元位相多様体についてもそのままの形で有効であることを示している. 単なる位相多様体（微分構造や PL 構造を考えない位相多様体）の，位相同形による分類に話を限るならば，である.

●ドナルドソンの基本定理

　ところが，4 次元多様体の微分構造を問題にするや否や，事情は一変する. 以下に述べるドナルドソンの基本定理，およびその系として得られる $\mathbb{R}^4$ 上のエキゾチックな微分構造の存在によって，高次元微分トポロジーの夢は，4 次元のなめらかな多様体については残念ながら，そのままの形ではなりたたないことがわかる.

　実際，$\mathbb{R}^4$ のホモトピー型は，1 点のホモトピー型と同じく自明であり，その接バンドルも自明である. $\mathbb{R}^4$ に 2 種類以上の微分構造が存在するとしても，ホモトピー論的な情報でそれらを区別するのは不可能であろう. ホモトピー論に還元できない何ものかが，4 次元の微分トポロジーにはある. こうして，高次元と同様の理論を 4 次元に期待する夢想はついえ去った. しかし，同時に高次元とは別種の "4 次元トポロジー" の誕生が告げられたとも考えられよう.

　ドナルドソンの基本定理は，単連結で閉じた，なめらかな 4 次元多様体 M^4 の交点形式に関するものである. 交点形式は，フリードマンの定理の主張にも出てきたものであり，話が多少前後するが，ここで簡単に復習しておこう.

　M^4 の整係数 2 次元ホモロジー群 $H_2(M^4; \mathbb{Z})$ を考える. ここで $H_2(M^4; \mathbb{Z})$ の定義まで遡ることはさしひかえるが，要するに M^4 の中の "2 次元サイクル" 全体を "ホモロガス" なる同値関係で類別して得られる可換群である. "2 次元サイクル" とは，M^4 の中の向きづけられた閉曲面のようなものと思っておけば，まず間違いない. そして，2 つの 2 次元サイクル C_1 と C_2 がホモロガスとは，M^4 の中に向きのついたコンパクト 3 次元多様体 N^3 があって，N^3 の境界 ∂N^3 が C_1 と $-C_2$ の和集合になっているということ $(\partial N^3 = C_1 \cup (-C_2))$ に近い.

正確には "代数的トポロジー" による定式化が必要であり，ここでは気分的な説明しかできない．

$H_2(M^4;\mathbb{Z})$ の2元 x と y が，M^4 の中の2次元サイクル C_1, C_2 で，それぞれ表されているとする．C_1, C_2 を一般の位置で交わらせる．いまの場合，交わりは有限個の点になる（図 A2.1）．M^4 に向きを指定しておけば，各々の交点 p_i のところで，その交わりが "正の交わり" か "負の交わり" かが区別され，交点 p_i の符号 $\varepsilon_i\,(=\pm 1)$ が決まる．

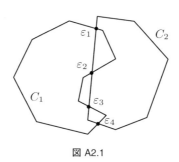

図 A2.1

C_1 と C_2 の交点全体にわたって ε_i を加え合わせたもの $\sum_i \varepsilon_i$ は，C_1 と C_2 の交点数とよばれる整数であり，$C_1 \cdot C_2$ などの記号で表される．$C_1 \cdot C_2$ の値は C_1, C_2 が代表しているホモロジー類 x, y によって定まり，したがって x と y の交点数 $x \cdot y$ が意味をもつ（$x \cdot y = C_1 \cdot C_2$）．対 (x, y) に整数 $x \cdot y \in \mathbb{Z}$ を対応させる写像は，x, y の各々について線型であり，こうして双一次形式

$$H_2(M^4;\mathbb{Z}) \times H_2(M^4;\mathbb{Z}) \longrightarrow \mathbb{Z}, \quad (x, y) \longmapsto x \cdot y$$

が定義された．ポアンカレの双対定理により，これは非特異な双一次形式である．これが M^4 の**交点形式**にほかならない．

4次元多様体論の最も根本的な問題は次のようなものである．

問題　どんな非特異双一次形式が，4次元閉多様体の交点形式として実現されるか．

先に述べたフリードマンの定理によれば，単連結な4次元**位相**多様体により実

現される非特異双一次形式にはなんの制限もない．どんな非特異双一次形式も単連結位相多様体によって実現できる．

ところが，なめらかな多様体の交点形式に関して次のような制約が知られていた．これは，ロホリン（Rokhlin）の定理（1952 年）とよばれ，ドナルドソンの定理（1982 年）が出るまでに知られていた，交点形式に関する唯一の制約であった．

ロホリンの定理　単連結でなめらかな閉じた 4 次元多様体 M^4 の交点形式が II型であれば，その符号数は 16 で割り切れる．

ここでいう**符号数**（指数ともいう）とは交点形式を表す行列（それは対称行列）を実数上対角化したとき，正の対角成分の個数から負の対角成分の個数を引いて得られる数のことである．また，交点形式が II 型であるとは，この対角化するまえの行列の対角成分がすべて偶数であることである．

たとえば次の行列 E_8 で与えられる双一次形式は II 型であるが，その符号数が 8 であるので，ロホリンの定理により，なめらかで閉じた単連結 4 次元多様体の交点形式にはなり得ない．

$$
E_8 = \begin{pmatrix}
2 & & & 1 & & & & \\
 & 2 & 1 & & & & & \\
 & 1 & 2 & 1 & & & & \\
1 & & 1 & 2 & 1 & & & \\
 & & & 1 & 2 & 1 & & \\
 & & & & 1 & 2 & 1 & \\
 & & & & & 1 & 2 & 1 \\
 & & & & & & 1 & 2
\end{pmatrix} \quad （空白の所は 0）
$$

それでは，E_8 を 2 つ対角的に並べた行列 $E_8 \oplus E_8$ はどうだろうか．この行列は II 型であり，かつ符号数は 16 であるから，もはやロホリンの定理にはひっかからない．$E_8 \oplus E_8$ を交点形式にもつなめらかで閉じた単連結 4 次元多様体が存在するかどうかは，実に 30 年の間未解決の難問だった．ドナルドソンの基本定理は，この難問に否定的に答えたのである．

ドナルドソンの基本定理　なめらかな 4 次元単連結閉多様体の交点形式が正定値

なら，それは単位行列で表される標準的双一次形式に同値である．

この定理を $E_8 \oplus E_8$ に適用してみよう．行列 $E_8 \oplus E_8$ はその階数（$= 16$）と符号数（$= 16$）が一致しているから，正定値である．ところが $E_8 \oplus E_8$ は単位行列に同値にならない．これは，$E_8 \oplus E_8$ を交点形式にもつなめらかな 4 次元閉多様体（単連結）が存在しないことを意味している．

● $\mathbb{R}^4$ 上のエキゾチックな微分構造

ドナルドソンの定理から，どのようにして $\mathbb{R}^4$ 上のエキゾチックな微分構造が導かれるのだろうか．

次の定義はよく知られている．2 つのなめらかな多様体 V と W の間の写像 $f : V \to W$ が，V の局所座標系に関して何回でも微分可能なとき，f はなめらかな写像であるといわれる．また，V と W の間の同相写像 $h : V \to W$ があって，h も h^{-1} も共になめらかな写像であれば，h は**微分同相写像**とよばれる．そのとき V と W とは**微分同相**であるという．

さて，$\mathbb{R}^4$ には，4 次元数空間としての標準的座標 (x_1, x_2, x_3, x_4) がある．$\mathbb{R}^4$ 上の関数 f が微分可能かどうかは，通常，この座標に関連して決められる．座標 (x_1, x_2, x_3, x_4) により定まる $\mathbb{R}^4$ の微分構造が，"通常の微分構造"である．

$\mathbb{R}^4$ 上に**エキゾチックな微分構造が存在する**という主張は，次の主張と同値である：

主張　あるなめらかな 4 次元多様体 V^4 があって，V^4 は $\mathbb{R}^4$ と位相同形であるが，通常の微分構造の入った $\mathbb{R}^4$ とは決して微分同相にならない．

V^4 の構成は，有名な K3 曲面 M^4 から出発する．M^4 はなめらかな単連結 4 次元閉多様体であって，M^4 の向きを通常の（複素座標から決まる）向きと反対にとると，その交点形式は

$$E_8 \oplus E_8 \oplus U \oplus U \oplus U, \quad U = \begin{pmatrix} 0 & 1 \\ 1 & 0 \end{pmatrix}$$

という形になる．U は，2 つの球面の直積 $S^2 \times S^2$ の交点形式と同値である．

ここに，キャッソン（A. Casson）による無限回構成法を適用すると，M^4 の中

に，互いに交わらない 3 つの開集合 O_1, O_2, O_3 が構成され，次の性質 (∗) をもつようにできる.

性質 (∗)　各々の O_i の固有ホモトピー型は $S^2 \times S^2 - \{1\ \text{点}\}$ と同じであり，しかも，M^4 の交点形式をこれら 3 つの開集合 O_1, O_2, O_3 に制限してみたものが，$E_8 \oplus E_8 \oplus U \oplus U \oplus U$ の中の 3 つの $U \oplus U \oplus U$ にちょうどなっている.

　フリードマンは，4 次元ポアンカレ予想の証明に成功する以前，キャッソン構成からできる開集合のもつ著しい性質に気がついた．上の開集合 O_1, O_2, O_3 に即してそれを述べると次のようになる.

定理　O_i をうまく構成すると，O_i は球面の直積 $S^2 \times S^2$ の中になめらかに埋め込めるとしてよい．しかも各々の O_i の中には，あるコンパクト集合 F_i があって，O_i をこの埋め込みで $S^2 \times S^2$ の部分集合とみなし，F_i も $F_i \subset S^2 \times S^2$ と考えるとき次の (i), (ii) がなりたつ.

（i）　$H_2(F_i; \mathbb{Z}) \to H_2(S^2 \times S^2; \mathbb{Z})$ は同型である.

（ii）　$S^2 \times S^2 - F_i = V_i^4$ は $\mathbb{R}^4$ と固有ホモトピー型が同じである（図 A2.2）.

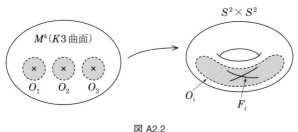

図 A2.2

　フリードマンは，4 次元ポアンカレ予想を証明すると同時に，次の定理をも証明した.

定理　$\mathbb{R}^4$ と固有ホモトピー型が同じであるような 4 次元位相多様体は $\mathbb{R}^4$ と位相同形である.

　さて，$V_i^4 = S^2 \times S^2 - F_i$ とおいて得られる 4 次元多様体は $S^2 \times S^2$ の開集合であるから，自然に微分構造が入る．この "自然な" 微分構造を伴う V_1^4, V_2^4, V_3^4

のうち少なくともひとつがエキゾチックな $\mathbb{R}^4$ なのである．各々の V_i^4 が $\mathbb{R}^4$ と位相同形なことは上に述べたフリードマンの結果で保証されている．V_1^4, V_2^4, V_3^4 のどれもが $\mathbb{R}^4$ と微分同相になる，ということはない．これを示そう．

　矛盾をだすため，V_i^4 が $\mathbb{R}^4$ と微分同相であると仮定しよう．$\mathbb{R}^4$ の中には，もちろん，いくらでも大きななめらかな 3 次元球面 S_r^3（半径 r）が存在する．V_i^4 と $\mathbb{R}^4$ が微分同相なら，V_i^4 の中にも "いくらでも大きな" なめらかな 3 次元球面がなくてはならない．

　もともと，$V_i^4 = S^2 \times S^2 - F_i$ であった．したがって，V_i^4 の中の，十分大きな 3 次元球面を $S^2 \times S^2$ の中に埋め込まれたものと考えると，コンパクト集合 F_i に十分近いはずである．特にそれは，O_i の中にとれ，F_i をつつみ込むような位置にある（図 A2.3）．

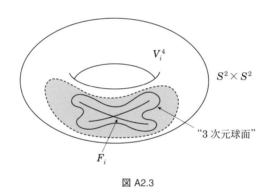

図 A2.3

　そこで再び O_i を K3 曲面の中の開集合と考えると，図 A2.2 の K3 曲面の 3 つの "バツ印" を囲むように，なめらかな 3 次元球面がとれる．この "バツ印" は，交点形式 U に対応する 2 次元ホモロジーを含むコンパクト集合になっていた（図 A2.2 の前に述べた定理の (i)）．よって，その 3 次元球面の内側を K3 曲面から取り除いて，4 次元円板 D^4 でふたをすると，なめらかな 4 次元単連結閉多様体 M' が得られ，その交点形式は $E_8 \oplus E_8 \oplus U \oplus U \oplus U$ から 3 つの U を取り除いたもの，すなわち，$E_8 \oplus E_8$ となる．これはドナルドソンの基本定理に矛盾する．したがって，V_1^4, V_2^4, V_3^4 のどれか少なくともひとつは，$\mathbb{R}^4$ と微分同相ではない！

●ヤン-ミルズ場の登場

　ドナルドソンの定理は，4 次元多様体論にとって，基本的な重要性をもつものであるが，その証明もまた驚くべきものである．

　証明には，素粒子論に現れるヤン-ミルズ場（Yang–Mills 場）の理論が使われるのである．この理論のわかりやすい解説は，だれか別の方にお願いしたいところだが，要するに，与えられた多様体 M^4 上でヤン-ミルズ方程式を考え，その解全体のつくる空間をゲージ同値で割った空間 N を考える．N は実は 5 次元の（特異点をもつ）多様体になり，しかも M^4 は N の"境界"と考えられるというのである．N の特異点の様子はよくわかるものであって，それを利用して M^4 の位相的性質が調べられる．

　4 次元多様体論に物理学的な理論が使われたのは，あるいは単なる形式上の類似だけなのかもしれないが，しかし，なかなか意味深長で夢をかきたてる事件ではある．

　はじめの方で，高次元的なトポロジーの手法が 4 次元では行詰っていると述べた．"新しい 4 次元トポロジー"のありようがあるいはこの"事件"によって象徴されているのかもしれない．

断絶と連続
トポロジーにおける高次元と低次元

●高次元と低次元

　はじめから思い出話になって恐縮ですが，学生時代にスメール（S. Smale, 1930 – ）の「h-コボルディズム定理」を勉強した時の奇妙な気持ちは，今でもわりにはっきりと思いだします．スメールは高次元ポアンカレ予想を解決した有名なトポロジストで，h-コボルディズム定理はその解決に使われた手法を一般の単連結多様体に拡張して，ひとつの強力な定理として定式化したものです．その証明は，ミルナーによるプリンストン大学出版の講義録で 100 ページ以上もかかります．そんなに長い証明を要する定理を勉強したのはその時が初めてだったものですから，それだけでもかなりの驚きでしたが，定理の扱う多様体が 5 次元以上であるということも妙に気になりました．われわれの住んでいる空間は，たて，よこ，高さの 3 方向を備えた 3 次元空間ですし，「時間方向」を加えたとしてもせいぜい 4 次元です．5 次元以上の空間を記述する h-コボルディズム定理のような定理はなにかしら空疎な定理であるような気がしました．

　しかし，馴れとは恐しいもので，5 次元以上の空間のトポロジーを勉強していくうちに，空疎な感じも次第に薄らいでいって，いわゆる高次元空間についての実在感のようなものが身について，自分自身でもいくつかの研究ができました．

　われわれが高次元のトポロジーを勉強していたのは 1960 年代です．そして，60 年代は高次元トポロジーの全盛期だったと思います．60 年代最後の年 1969 年には，カービーとジーベンマンによって，高次元位相多様体についての三角形分割問題と基本予想が一挙に解決されるまでに到りました．そのような高揚期の

あとを承けた 70 年代以降は 4 次元以下の「低次元」空間の研究が盛んになった時期と言えそうです．スメールをはじめとする多くのトポロジストが開発した高次元空間を攻撃する強力な理論によって，高次元（5 次元以上）のありようが明らかになったあとで，なぜこんなにも強力な理論が 4 次元以下の空間の研究には無力なのか，を誰しもが知りたいと思うようになったのだと思います．4 次元以下の空間には 5 次元以上の空間とは何か本質的に違うところがあるのだろうか，それとも，スメールたちの理論構成が悪いだけで，4 次元以下も 5 次元以上も本当は大して違いはないのだろうか．

やや単純化して言えば，70 年代はこれらの疑問に答えるべく手探りの研究が続けられた模索の時代，80 年代はドナルドソン理論とフリードマン理論の登場によって，高次元／低次元の断絶が明らかになった時代と言えます．もっとも，これは 4 次元トポロジーについての話で，もう 1 次元低い 3 次元トポロジーの世界では，すでに 70 年代にサーストンによる爆発的発展がありました．

●まつわり数

どんなに高級な理論もごく身近なところにその種<small>たね</small>があると思います．ここで言う「種」は「種明かし」のタネではなく，「その理論につながるささやかな現象」とでも言えるようなものです．高次元／低次元の断絶と，あとで述べるそれらの間の連続性，それから，キャッソン不変量やジョーンズ多項式などの華々しい理論の「種」は何かというと，それは「まつわり数」であると信じています．これは，個人的な思い込みに近いものかもしれませんし，専門家からは異論が出るかもしれませんが，ともかくもまつわり数を軸にして以下の解説を続けてみたいと思います．

3 次元空間の中に 2 つの互いに交わらない閉曲線 C_1, C_2 があるとし，それぞれの閉曲線に向き（矢印）が与えられているとします．そうすると，それらの間のまつわり数（linking number）という整数が決まります．ここでは，C_1 と C_2 の間のまつわり数のことを

$$l(C_1, C_2)$$

という記号で表すことにします．

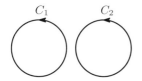

(a) $l(C_1, C_2) = 0$

C_1 と C_2 は離れている.

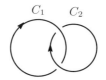

(b) $l(C_1, C_2) = 1$

右ネジ方向に 1 回絡む.

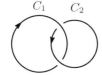

(c) $l(C_1, C_2) = -1$

左ネジ方向に 1 回絡む.

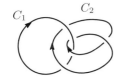

(d) $l(C_1, C_2) = 2$

右ネジ方向に 2 回絡む.

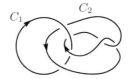

(e) $l(C_1, C_2) = 0$

右ネジ方向に 1 回,
反対方向に 1 回絡む.

図 A3.1

まつわり数がだいたいどんなものかは, 図 A3.1 を見てください.

要するに, まつわり数は 2 つの閉曲線が (右ネジ方向に) 互いに何回絡んでいるかを表す数で, 反対に左ネジ方向に絡んでいればマイナスをつけて数え, 右ネジ・左ネジの両方向があればその差を数えるわけです. この数はトポロジーばかりでなく, 環状電流のつくる磁場の計算にも現れることをご存知の方もいらっしゃると思います.

さて, まつわり数は, その定義からしてじつは次元と深く関係しています. つまり, 2 つの閉曲線 C_1, C_2 のまつわり数は, それらの閉曲線が **3 次元空間**内に

置かれているからこそ定義できるものであって，たとえば，平面（2次元）上に互いに交わらない閉曲線を 2 つ描いた場合は，少なくとも一方を他方に触れずにその平面の中で 1 点に縮められますから，まつわり数を定義したとしても 0 になってしまいます．また，4 次元空間の中に 2 つの閉曲線がある場合も，その 2 つは絡まりません．次にそのことを説明しましょう．

●4次元空間内の閉曲線たち

　4 次元空間は 3 次元空間にさらに別の 1 次元方向を加えたものです．図 A3.2 の平面が 3 次元空間を表していると（無理にでも）思ってみてください．われわれはこの一見平面に見える 3 次元空間の中に住んでいるものとします．この「平面」に直交する矢印の方向が 4 次元方向というわけです．

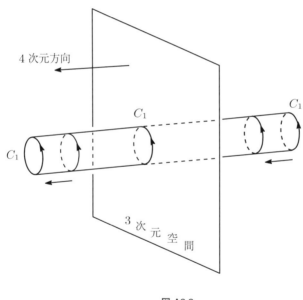

図 A3.2

　さて，図 A3.2 には円筒が描かれていますが，これを 4 次元空間内を動く閉曲線 C_1 の軌跡を描いたものだと想像しましょう．閉曲線 C_1 は 3 次元空間の「右側」から 3 次元空間に近づき，それと一瞬交わったあとで「左側」の方へ通過して行きます．3 次元空間内に住む「われわれ」には 3 次元空間の内部しか見えま

せんから,「われわれ」にはあたかもある瞬間に閉曲線 C_1 がパッと現れ,すぐにパッと消えたように見えるはずです.

もし,たまたま,パッと現れた C_1 にちょうど1回絡む位置に別の閉曲線 C_2 が(図 A3.3 のように)描かれていたらどうでしょうか.

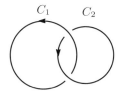

図 A3.3

このときも別になんの違いもありません.閉曲線 C_1 はたんにパッと現れパッと消えるだけですから,別の閉曲線 C_2 があろうがなかろうが,そのことには無関係にただ現れて消えるだけです.しかし,このことを,図 A3.2 のような4次元空間全体のパースペクティブの中で眺めますと,3次元空間内の図 A3.3 のように絡まった閉曲線 C_1, C_2 の片方 C_1 を,他方の C_2 に触れずに4次元方向に取り出したことになる,ということがわかると思います.4次元の中で C_1 と C_2 がはずれてしまいました.このように,2つの閉曲線が互いに絡み合うのは3次元空間に特有の現象で,4次元空間では閉曲線が絡み合うということはないわけです.

3次元空間内に置かれたひとつの閉曲線(ただし,自分自身と交わらない)を**結び目**といいます.次ページの図 A3.4 はいろいろな結び目の例です.

図 A3.4 で見るように,3次元空間内には千差万別の結び目が(無限に)存在しますが,4次元で「絡まり」がはずれたのと同様に4次元空間内に置いた結び目は皆ほどけてしまいます.皆,輪ゴムのように,結ばれていない「自明な結び目」になってしまいます.閉曲線が「結ばれる」現象も3次元に特有で,4次元以上には存在しません.結び目のような面倒な現象が消えてしまうことが高次元のトポロジーを扱いやすくしている理由です.もっとも,高次元一歩手前の4次元には絡まりの現象の片鱗が少し残っています.それを図 A3.2 の円筒の絵にもどって説明しますと,この円筒は閉曲線 C_1 の動いたあとの軌跡を表していまし

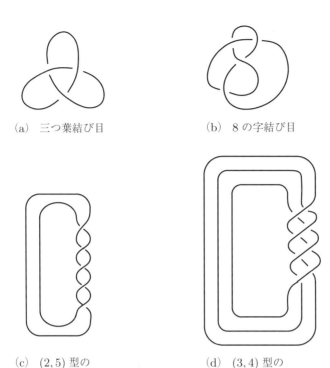

(a)　三つ葉結び目　　　　　　　　(b)　8 の字結び目

(c)　$(2,5)$ 型の　　　　　　　　(d)　$(3,4)$ 型の
　　　トーラス結び目 $K_{2,5}$　　　　　　　トーラス結び目 $K_{3,4}$

図 A3.4

た．この軌跡にそって C_1 を動かすことで，C_1 と別の閉曲線 C_2 の絡まりがはずれてしまったわけですが，閉曲線 C_2 は，この軌跡自身には絡んでいると考えられます．これが絡まりの現象の「片鱗」です．5 次元以上になると，C_2 と軌跡との絡まりさえはずれてしまいます．

●結び目の不変量 $R(K)$

　3 次元空間では結び目はほどけないと言いましたが，次のようなインチキをすれば，ほどけます．それは，図 A3.5 のように，自分自身を通過することを許して変形することです．このインチキな変形は，結び目の型を変えてしまいます．ところが，まさにこのことを利用して，結び目のある種の不変量を定義することができます．

　図 A3.6 を見てください．これは，図 A3.5 のインチキ変形の過程で結び目 K

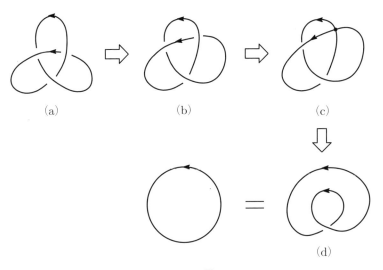

(a)　　　　　　　(b)　　　　　　　(c)

(d)

図 A3.5

が自分自身と交わった瞬間です（図 A3.5 の (c) の段階）．この瞬間に，自己交点 P における矢印の進む方向を（線路のように）切り換えてみましょう．すると，結び目 K は 2 本の閉曲線 C_1 と C_2 に分かれてしまいます．C_1 と C_2 のまつわり数 $l(C_1, C_2)$ を考えると，いまの場合は 1 です．そこで，はじめの結び目 K の $R(K)$ という不変量を

$$R(K) = 1$$

と定めます．

　いまは，1 回だけの「インチキ変形」で自明な結び目になってしまうという簡

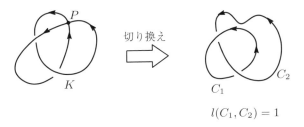

$l(C_1, C_2) = 1$

図 A3.6

単な場合でしたが，一般には，結び目 K は，自分自身と 1 回だけ交差する変形
で他の結び目 K' に移るはずです．またそのときに上のようにして計算されるま
つわり数 $l(C_1, C_2)$ も 1 とは限りません．このとき，$R(K')$ がすでに計算され
ているとして，$R(K)$ を

$$R(K) = R(K') + l(C_1, C_2)$$

と定めます．ただし，すべて "mod 2" で考えることにします．つまり，$R(K)$
は 0 または 1 の値しかとらない不変量で，偶数は 0，奇数は 1 と思うわけです．
「インチキ変形」によってすべての結び目はほどけてしまいますから，上のよう
に定義することによって，ほどけるまでに必要な自己交差の回数に関する数学的
帰納法で，$R(K)$ が任意の結び目 K について計算できることになります．じつ
は，この $R(K)$ は古くから知られている**ロベルテロ不変量**（または**アーフ不変
量**）とよばれる結び目の不変量に一致します．ロベルテロ（R.A. Robertello）自
身は別の方法でこの不変量を定義したのですが，上のように考えますと，ロベル
テロ不変量の本質はまつわり数であることがわかります．

　図 A3.4 の結び目について $R(K)$ を計算してみましょう．

$$R(三つ葉) = 1, \quad R(8 の字) = 1,$$
$$R(K_{2,5}) = 1, \quad R(K_{3,4}) = 1$$

と，どれも 1 になってしまいます．（これは単なる偶然です．）

●ロホリンの定理

　「多様体」とよばれる空間があります．空間内のどこでも好きな所に m 次元局
所座標系が描けるような空間が m 次元多様体です．ある m 次元多様体 M が**平
行性**をもつというのは，M 上に m 本のベクトル場 $X_1, X_2, \cdots, X_m$ があって，
M の各点でそれらが一次独立になっていることです．また，M が**概平行性**をも
つというのは，M から 1 点を除いた残りの部分が平行性をもつことである，と
定義します．これらの言葉を初めて聞く人にはあまりイメージがわかないかもし
れませんが，我慢してください．とにかく，そういう概念があります．

　ロホリンの定理は「閉じたなめらかな 4 次元多様体 M が概平行性をもてば，
M の符号数（とよばれる整数値不変量）は 16 で割り切れる」ということを主

張する定理です．この定理は 4 次元トポロジーの最も基本的な定理ですが，不思議なことに，**5 次元以上の位相多様体の三角形分割問題と基本予想を背後から統制しているのがこの定理なのです．**はじめに述べたカービーとジーベンマンの理論がこのことを明らかにしました．断絶しているはずの高次元と低次元のトポロジーの間には，ロホリンの定理を通してのささやかな連続性（連絡）があったわけです．（もう少し詳しい説明は，拙著『［新版］4 次元のトポロジー』（日本評論社）をご覧ください．）

　ロホリンの定理のロホリン自身による証明（1952 年）は難解ですが，じつはロベルテロ不変量を使った初等的証明が可能です（松本，1976 年）．それは (p,q) 型トーラス結び目 $K_{p,q}$ のロベルテロ不変量 $R(K_{p,q})$ の計算から出発するものです．$K_{p,q}$ がどんな結び目かは，図 A3.4 を見ると想像がつくと思います．いま，s を奇数とすると，$(s, s-1)$ 型のトーラス結び目のロベルテロ不変量は

$$R(K_{s,s-1}) \equiv \frac{1}{8}(1 - s^2) \pmod 2$$

となります（この式の右辺は 0 または 1 に落して解釈します）．じつは，ロホリンの定理をこの式から出発して証明することができるのです．ロベルテロ不変量の本性はまつわり数だと述べましたが，こうなると，ロホリンの定理の本性もまつわり数だと言うことができるのではないでしょうか．

●キャッソン不変量

　またまた思い出話になって申しわけありませんが，ロベルテロ不変量からロホリンの定理が初等的に導かれることを注意した小さな論文を 1976 年に書いたとき，今から思うと実に簡単な，しかももったいない見落しをしてしまいました．それは，ロベルテロ不変量の計算式

$$R(K) = R(K') + l(C_1, C_2)$$

を，0 と 1 に落さず，整数値のまま考えてみることをサボってしまったことです．これを整数値のままで考えれば，すぐに，ロベルテロ不変量を拡張する**新しい整数値不変量**が得られたはずなのです（ただし，整数値で考えるときは，まつわり数 $l(C_1, C_2)$ の前の符号を + にするか - にするかは自己交差の状況に応じて変えなければなりません）．当時は 4 次元の方にばかり目が向いていて，結び目の新

しい不変量を定義しようなどとは全然思わなかったのですが，それが我ながらウカツでした．

　この新しい整数値不変量 $\lambda'(K)$ は 1985 年キャッソンによって定義されました．彼は，3 次元ホモロジー球面とよばれる特殊な 3 次元多様体に対し，昔から知られていたロホリン不変量という 0 または 1 の値をとる不変量を整数値に拡張し，現在キャッソン不変量とよばれる不変量 λ を定義したのですが，その同じ仕事の中で，$\lambda'(K)$ も同時に定義しました．そして，キャッソン不変量と $\lambda'(K)$ とは，その本性においてだいたい同じものであることも明らかにしています．

　ということであれば，λ' の計算式

$$\lambda'(K) = \lambda'(K') \pm l(C_1, C_2)$$

を通して，キャッソン不変量の本性もまた，まつわり数だと言えなくもありません．

　他方で，キャッソン不変量は，離散群の表現論やゲージ理論とも深く結びついた不変量であることが知られています．

　さらに，3 次元多様体については，キャッソン不変量をもう一段高度化したフロアー（A. Floer）によるインスタントン・ホモロジー群，ウィッテンや河野俊丈氏，牛腸徹氏たちによる，2 次元共形場理論に結びついた新しい不変量などが続々と発見されていて，その豊饒さには目もくらむばかりです．

●結論的に言うと

　　高次元のトポロジーは扱いやすい．なぜなら（閉曲線の）結び目がないからである．低次元トポロジーは結び目の分だけ複雑であり豊かである．3 次元空間で定義される「まつわり数」は，0 と 1 に落せば 4 次元にまで生きのびる（絡みの片鱗＝ロホリンの定理）．そしてロホリンの定理は低次元と高次元の連絡をつける．まつわり数を整数値のまま扱うと，3 次元多様体の不変量に姿を変える（キャッソンの理論）．そして低次元特有の豊かな不変量の洪水につながっていく．

ということになると思います．

索引

松本幸夫 （まつもと・ゆきお）

略歴
1944年　埼玉県生まれ.
1967年　東京大学理学部数学科卒業.
　　　　東京大学名誉教授. 理学博士. 専門は, 位相幾何学.

主な著書に,『[新版] 4次元のトポロジー』（日本評論社），
『トポロジー入門』『Morse 理論の基礎』（岩波書店），
『多様体の基礎』（東京大学出版会）ほか, がある.

トポロジーへの誘い［新装版］
多様体と次元をめぐって

2021 年 11 月 15 日　新装版第 1 刷発行
2023 年 6 月 15 日　新装版第 2 刷発行

著　者 ——————— 松本幸夫
発行所 ——————— 株式会社　日本評論社
　　　　　　　　　　〒170-8474　東京都豊島区南大塚 3-12-4
　　　　　　　　　　電話　（03）3987-8621［販売］
　　　　　　　　　　　　　（03）3987-8599［編集］
印　刷 ——————— 藤原印刷
製　本 ——————— 井上製本所
カバー＋本文デザイン ——— 山田信也（ヤマダデザイン室）